SÉRIE SUSTENTABILIDADE

Energia e Desenvolvimento Sustentável

Blucher

SÉRIE SUSTENTABILIDADE

JOSÉ GOLDEMBERG
Coordenador

Energia e Desenvolvimento Sustentável

VOLUME 4

JOSÉ GOLDEMBERG

Energia e Desenvolvimento Sustentável
© 2010 José Goldemberg
3ª reimpressão – 2015
Editora Edgard Blücher Ltda.

Blucher

Rua Pedroso Alvarenga, 1245, 4º andar
04531-012 – São Paulo – SP – Brasil
Tel 55 11 3078-5366
contato@blucher.com.br
www.blucher.com.br

Segundo Novo Acordo Ortográfico, conforme 5. ed.
do *Vocabulário Ortográfico da Língua Portuguesa*,
Academia Brasileira de Letras, março de 2009.

É proibida a reprodução total ou parcial por quaisquer
meios, sem autorização escrita da Editora.

Todos os direitos reservados pela Editora
Edgard Blücher Ltda.

FICHA CATALOGRÁFICA

Goldemberg, José
    Energia e desenvolvimento sustentável /
José Goldemberg. – São Paulo: Blucher, 2010. –
(Série sustentabilidade; v. 4 / José Goldemberg,
coordenador)

    ISBN 978-85-212-0570-8

    1. Conservação de energia 2. Desenvolvimento
sustentável 3. Impacto ambiental – Estudos 4. Meio
ambiente 5. Recursos energéticos I. Título. II. Série.

10-12186	CDD-333.79

Índices para catálogo sistemático:
1. Energia e desenvolvimento sustentável:
Economia   333.79

Apresentação

Prof. José Goldemberg
Coordenador

O conceito de desenvolvimento sustentável formulado pela Comissão Brundtland tem origem na década de 1970, no século passado, que se caracterizou por um grande pessimismo sobre o futuro da civilização como a conhecemos. Nessa época, o Clube de Roma – principalmente por meio do livro *The limits to growth* [*Os limites do crescimento*] – analisou as consequências do rápido crescimento da população mundial sobre os recursos naturais finitos, como havia sido feito em 1798, por Thomas Malthus, em relação à produção de alimentos. O argumento é o de que a população mundial, a industrialização, a poluição e o esgotamento dos recursos naturais aumentavam exponencialmente, enquanto a disponibilidade dos recursos aumentaria linearmente. As previsões do Clube de Roma pareciam ser confirmadas com a "crise do petróleo de 1973", em que o custo do produto aumentou cinco vezes, lançando o mundo em uma enorme crise financeira. Só mudanças drásticas no estilo de vida da população permitiriam evitar um colapso da civilização, segundo essas previsões.

A reação a essa visão pessimista veio da Organização das Nações Unidas que, em 1983, criou uma Comissão presidida pela Primeira Ministra da Noruega, Gro Brundtland, para analisar o problema. A solução proposta por essa Comissão em seu relatório final, datado de 1987, foi a de recomendar um padrão de uso de recursos naturais que atendesse às atuais necessidades da humanidade, preservando o meio ambiente, de modo que as futuras gerações poderiam também atender suas necessidades. Essa é uma visão mais otimista que a visão do Clube de Roma e foi entusiasticamente recebida.

Como consequência, a Convenção do Clima, a Convenção da Biodiversidade e a Agenda 21 foram adotadas no Rio de Janeiro, em 1992, com recomendações abrangentes sobre o novo tipo de desenvolvimento sustentável. A Agenda 21, em particular, teve uma enorme influência no mundo em todas as áreas, reforçando o movimento ambientalista.

Nesse panorama histórico e em ressonância com o momento que atravessamos, a Editora Blucher, em 2009, convidou pesquisadores nacionais para preparar análises do impacto do conceito de desenvolvimento sustentável no Brasil, e idealizou a *Série Sustentabilidade*, assim distribuída:

1. **População e Ambiente: desafios à sustentabilidade**
   Daniel Joseph Hogan/Eduardo Marandola Jr./Ricardo Ojima

2. **Segurança e Alimento**
   Bernadette D. G. M. Franco/Silvia M. Franciscato Cozzolino

3. **Espécies e Ecossistemas**
   Fábio Olmos

4. **Energia e Desenvolvimento Sustentável**
   José Goldemberg

5. **O Desafio da Sustentabilidade na Construção Civil**
   Vahan Agopyan/Vanderley M. John

6. **Metrópoles e o Desafio Urbano Frente ao Meio Ambiente**
   Marcelo de Andrade Roméro/Gilda Collet Bruna

7. **Sustentabilidade dos Oceanos**
   Sônia Maria Flores Gianesella/Flávia Marisa Prado Saldanha-Corrêa

8. **Espaço**
   José Carlos Neves Epiphanio/Evlyn Márcia Leão de Moraes Novo/Luiz Augusto Toledo Machado

9. **Antártica e as Mudanças Globais: um desafio para a humanidade**
   Jefferson Cardia Simões/Carlos Alberto Eiras Garcia/Heitor Evangelista/Lúcia de Siqueira Campos/Maurício Magalhães Mata/Ulisses Franz Bremer

10. **Energia Nuclear e Sustentabilidade**
    Leonam dos Santos Guimarães/João Roberto Loureiro de Mattos

O objetivo da *Série Sustentabilidade* é analisar o que está sendo feito para evitar um crescimento populacional sem controle e uma industrialização predatória, em que a ênfase seja apenas o crescimento econômico, bem como o que pode ser feito para reduzir a poluição e os impactos ambientais em geral, aumentar a produção de alimentos sem destruir as florestas e evitar a exaustão dos recursos naturais por meio do uso de fontes de energia de outros produtos renováveis.

Este é um dos volumes da *Série Sustentabilidade*, resultado de esforços de uma equipe de renomados pesquisadores professores.

Referências bibliográficas

MATTHEWS, Donella H. et al. *The limits to growth*. New York: Universe Books, 1972.

WCED. *Our common future*. Report of the World Commission on Environment and Development. Oxford: Oxford University Press, 1987.

Prefácio

Prof. José Goldemberg

Energia é um ingrediente essencial para a vida humana e se origina nos alimentos que ingerimos. A quantidade de energia necessária para tal fim é pequena – cerca de 2.000 quilocalorias por dia – que é aproximadamente a energia contida num copo de petróleo. A civilização moderna com todas as máquinas que foram criadas pelo homem aumentou por 100 esta quantidade.

Qual é a origem da energia usada pelo homem? A energia proveniente do Sol que atinge a Terra é 5.000 vezes maior que a soma das outras (energia gravitacional, geotérmica e nuclear) e vai continuar a sê-lo durante muito tempo: ela é permanente e renovável – enquanto o Sol brilhar – e não é poluente. É dela que surgiram as florestas e a biomassa em geral através da fotossíntese que eventualmente deu origem há centenas de milhões de anos atrás aos combustíveis fósseis, carvão, petróleo e gás natural. O seu uso é a causa da poluição e dos problemas ambientais que enfrentamos.

Apesar disto estas fontes de energia se mostraram muito práticas de serem usadas pelo homem. A densidade de energia contida nelas é muito grande: cerca de 10.000 quilocalorias por quilo. Em contraste, a energia solar é de baixa densidade: em cada metro quadrado na região do Equador, é possível coletar menos de 1.000 quilocalorias, por dia.

Por essa razão, apesar de ser tão atraente, a energia solar e todas as outras que derivam diretamente dela como ventos, calor, eletricidade e biomassa têm dificuldades em competir com as energias fósseis apesar dos problemas que elas geram. Energias renováveis representam hoje cerca de 10% do consumo mundial de energia.

Desenvolvimentos tecnológicos vão resolver este problema: espera-se que até meados do nosso século, energias renováveis passem a representar 50% de toda a energia consumida.

Discutiremos aqui os argumentos que justificam estas esperanças.

Conteúdo

1   O que é energia? 13

2   Energia e atividades humanas, 17

3   As fontes inesgotáveis de energia, 21
- *3.1*   Energia solar, 22
- *3.2*   Energia geotérmica, 24
- *3.3*   Energia das marés, 24

4   Consumo atual de energia e tendências, 27

5   Os problemas do atual sistema energético, 33
- *5.1*   Exaustão das reservas, 33
- *5.2*   Segurança de abastecimento, 36
- *5.3*   Impactos ambientais, 37
  - *5.3.1*   Poluição local, 39
  - *5.3.2*   Poluição regional, 41
  - *5.3.3*   Poluição global, 42

6 O caminho para um desenvolvimento sustentável, 47

6.1 O aumento da eficiência energética, 47

6.2 Energias renováveis, 51

6.3 As novas tecnologias, 53

6.4 Energia nuclear, 55

7 Energia para um desenvolvimento sustentável, 61

8 Conclusão, 65

Apêndice I

Biomassa, 67

Energia solar fotovoltaica, 72

Pequenas centrais hidrelétricas (PCHs), 75

Energia solar térmica, 76

Energia eólica, 80

Apêndice II

O programa de etanol no Brasil, 83

Apêndice III

Unidades de trabalho, energia e potência, 91

Referências bibliográficas, 93

1 O que é energia?

Energia (do grego *enérgeia*, atividade) é usualmente definida como a capacidade de realizar trabalho mecânico, deslocando, por exemplo, um objeto de uma posição para outra por meio da aplicação de uma força. Para os seres humanos, que vivem num planeta que atrai todos os corpos para o centro da Terra em virtude da força gravitacional, a energia é fundamental para nos movimentarmos. A própria ideia de movimento e, portanto, de energia é ligada intimamente ao que se entende como seres vivos.

Uma definição mais geral de energia é: **capacidade de produzir transformações num sistema**. Essa capacidade pode envolver transformações mecânicas ou transformações físicas, químicas e biológicas. A expansão de um gás (e sua capacidade de produzir trabalho), uma queda-d'água, a combustão de um hidrocarboneto como o petróleo, a geração de biogás na decomposição de matéria, o uso de uma corrente elétrica para fazer girar um motor são exemplos dessas transformações.

A energia pode se manifestar de diversas formas, entre as quais podemos mencionar:

- Energia de radiação.
- Energia química.
- Energia nuclear.

- Energia térmica.
- Energia mecânica.
- Energia elétrica.
- Energia magnética.
- Energia elástica.

Todas essas formas de energia podem ser convertidas umas nas outras, e uma característica fundamental da energia é que ela é conservada nessas transformações, o que elimina a possibilidade de se construir um moto-contínuo, isto é, um equipamento que se mova indefinidamente sem que exista uma fonte de energia contínua para manter esse movimento. Ao longo dos séculos, inúmeras tentativas de construir um moto-contínuo fracassaram. Daí se originou o Princípio de Conservação de Energia ou Primeira Lei da Termodinâmica[1].

Como os diferentes campos da ciência se desenvolvem, até certo ponto, independentemente, as unidades de medida de energia são diferentes para energia mecânica, calor e eletricidade, mas existem fatores de conversão que permitem passar de uma delas para as outras:

- A energia mecânica é medida em joules.

  Joule é um trabalho realizado por uma força de 1 newton ao produzir um deslocamento de 1 metro (a força gravitacional que atua sobre 1 quilo é 9,8 newton).

- A energia térmica é medida em calorias.

  Caloria é a quantidade de calor necessária para elevar a temperatura de um grama de água em um grau centígrado (de 13,5 a 14,5 °C).

Experimentalmente, demonstrou-se que:

$$1 \text{ caloria} = 4,1855 \text{ joules}$$

É muito conveniente definir, além de energia, outra grandeza que expressa a quantidade de energia produzida (ou dissipada, ou acumulada) por unidade de tempo. Essa grandeza é a Potência, definida como:

---

[1] O Princípio de Conservação de Energia, bem como outras leis de conservação, como do movimento angular, originam-se nos princípios de simetria do universo. Por exemplo, a Lei da Conservação do Movimento Angular decorre do fato que um dado sistema se comportar da mesma maneira, independentemente de como se orienta no espaço (simetria rotacional). A lei da conservação de energia decorre do fato de que os fenômenos físicos não distinguem momentos diferentes de tempo (simetria translacional).

O movimento perpétuo

Um *perpetum móbile* ("movimento perpétuo") é uma máquina que, uma vez posta em movimento, não para nunca (como um pêndulo ou um relógio) ou que produz trabalho externo sem retirar essa energia de qualquer fonte, ou seja, uma máquina que, em cada ciclo completo de sua operação, produz mais energia do que absorve.

A conservação de energia mecânica é uma decorrência das leis da mecânica. Antes de a conservação de energia ser descoberta por Newton, houve inúmeras tentativas frustradas de construir máquinas que produzissem trabalho sem a necessidade de uma fonte externa de energia. A Academia de Ciências de Paris, até meados do século XVIII, oferecia um prêmio a quem conseguisse fazer um moto-contínuo.

O interesse nessas máquinas não tinha nada de acadêmico no passado. Por volta do ano 400 d.C., moinhos e serrarias movidas por rodas acionadas por água corrente eram comuns na França e em outros países da Europa Ocidental. Na época da conquista normanda (século XII), havia 5.600 desses aparelhos operando em 3 mil comunidades inglesas. Como essas máquinas economizavam esforço humano, os habitantes das vilas que viviam longe dos rios tentaram inventar máquinas que não dependessem de água corrente.

$$P = \frac{Energia}{Tempo} \text{ (medida em watts)}$$

- A unidade de potência é o watt, que é a produção de 1 joule por segundo.

  A unidade elétrica de potência também é o watt (potência dissipada numa resistência em que a queda de voltagem é 1 volt quando a corrente é 1 ampère).

- A energia elétrica é medida em kilowatts-hora (kWh).

  O quilowatt-hora (kWh) é uma unidade de trabalho
  1 quilowatt-hora
  $$= 1.000 \text{ watts} \times 3.600 \text{ segundos}$$
  $$= 3,6 \times 10^6 \text{ joules}$$
  $$= 0,86 \times 10^6 \text{ calorias} = 860 \text{ kcal}$$

- A energia química é liberada na combustão, que é uma reação de "oxidação" em que oxigênio se combina com carbono

$$C + O_2 \rightarrow CO_2 + 94,03 \text{ kcal}$$

A combustão de cada grama de carbono libera 7,8 kcal

1kg de petróleo = 10.000 kcal
1kg de proteína = 5.700 kcal
1kg de glicose = 4.100 kcal

A energia dos alimentos

Todos os alimentos contêm carbono e a maioria deles também hidrogênio.

Quando ingerimos carboidratos e os queimamos em nosso corpos, eles são convertidos em dióxido de carbono e água, liberando, dessa forma, energia, cuja fonte é a oxidação do carbono e do hidrogênio.

Lipídios, proteínas e glicose compõem a maior parte dos alimentos que comemos. Como são necessárias aproximadamente 2 mil kcal/dia para manter o ser humano adulto vivo, a quantidade aproximada de alimento necessário é de algumas centenas de gramas por dia.

2 Energia e atividades humanas

A menor quantidade de energia média necessária para um ser humano adulto permanecer vivo é aproximadamente 1 mil kcal por dia (1 kcal = 1.000 cal). Para um adulto com atividades normais, ela é de aproximadamente 2 mil kcal por dia[1]. Para um homem que realiza um trabalho manual pesado, são necessárias 4 mil kcal por dia.

A Tabela 2.1 mostra as necessidades energéticas para uma variedade de tarefas humanas.

Os estágios de desenvolvimento, desde o homem primitivo, há um milhão de anos, até o homem tecnológico de hoje, exigiram quantidades crescentes de energia, como indicado na Figura 2.1, que mostra o consumo diário de energia *per capita* para seis estágios no desenvolvimento humano:

- O homem primitivo (Leste da África, aproximadamente há um milhão de anos) sem o uso do fogo dispunha apenas da energia dos alimentos que ingeria (2 mil kcal/dia).

---

[1] Um ser humano consome 2,3 kwh (8.360.000 joules) em 24 horas, o que corresponde aproximadamente a uma potência de 100 watts durante 24 horas; 100 watts é a potência de uma lâmpada incandescente típica.

TABELA 2.1 – Necessidades energéticas para várias atividades humanas (em kcal/hora)			
Trabalho leve	**kcal/hora**	**Trabalho moderado**	**kcal/hora**
Escrever	20	Trabalho de carpintaria	150-180
Tocar violino	40-50	Caminhar	130-240
Passar roupa	60		
Trabalho pesado	**kcal/hora**	**Trabalho muito pesado**	**kcal/hora**
Marchar	280	Quebrar pedras	350
Andar de bicicleta	180-600	Correr	800-1.000
Remar	120-600	Escalar montanhas	400-900
Nadar	200-700	Subir escadas	1.000

Fonte: Referências [1], [2].

- O homem caçador (Europa, aproximadamente há um milhão de anos) dispunha de mais alimentos e também queimava madeira para obter calor e para cozinhar.
- O homem agrícola primitivo (Mesopotâmia em 5.000 a.C.) utilizava a energia de animais de tração.
- O homem agrícola avançado (Noroeste da Europa, em 1.400 d.C.) usava carvão para aquecimento, além da força da água, do vento e o transporte animal.

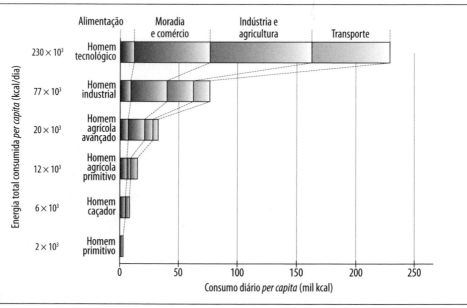

FIGURA 2.1 – Estágios de desenvolvimento e consumo de energia.
Fonte: Referências [1], [2].

Energia e atividades humanas

TABELA 2.2 – População humana segundo estágios de desenvolvimento e consumo total de energia				
Estágio de desenvolvimento	Ano	População (10^6 habitantes)	Consumo diário *per capita* (10^3 kcal)	Consumo (10^9 kcal)
Agrícola avançado	–4.000 a.C.	80	12	960
	0	130		
	1.500 d.C.	450	20	9.000
	1.800 c.C.	900		
Industrial	1.950 d.C.	2.600	77	200.200
Tecnológico	2.000 d.C.	6.000	230	1.380.000

Fonte: Referências [1], [2].

- O homem industrial (na Inglaterra, em 1875) dispunha da máquina a vapor.

- O homem tecnológico (nos Estados Unidos, em 1970) consumia 230 mil kcal/dia.

A Tabela 2.2 indica a população em vários dos estágios de desenvolvimento já mencionados e o consumo total de energia.

O consumo de energia que caracterizava o homem primitivo era muito baixo (2 mil kcal por dia), tendo crescido, em um milhão de anos, para quase 250 mil kcal por dia, isto é, um aumento de mais de cem vezes.

A população humana, há um milhão de anos, provavelmente não era superior a meio milhão de seres humanos e atingiu hoje quase sete bilhões (um aumento de cerca de dez mil vezes), mas o consumo total de energia cresceu em torno de *um milhão* de vezes. Isso se deu com o aproveitamento do carvão como fonte de calor e potência no século XIX, o desenvolvimento de motores de explosão interna, o que levou ao uso de petróleo e de seus derivados, e a utilização da eletricidade, gerada inicialmente em usinas hidrelétricas e depois em usinas termelétricas. Até o fim da Idade Média, contudo, a quase totalidade de energia usada provinha do uso de madeira (sob a forma de lenha), o que levou à destruição das florestas, que cobriam praticamente toda a Europa.

A evolução no uso das diferentes fontes de energia usadas desde 1850 até o ano 2000 é indicada na Figura 2.2.

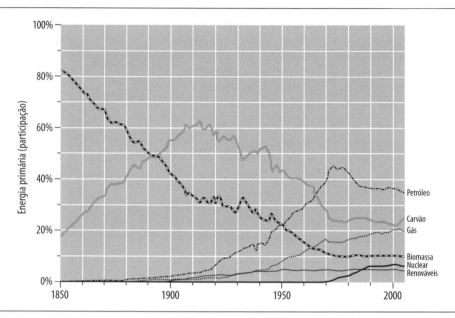

FIGURA 2.2 – Evolução no uso de diferentes fontes de energia.
Fonte: Referência [3].

3 As fontes inesgotáveis de energia

A energia disponível ao homem na superfície da Terra tem sua origem em quatro fontes distintas:

- a energia radiante emitida pelo Sol (com uma potência da ordem de 174.000×10^{12} watts) que dá origem aos combustíveis fósseis, à biomassa, aos ventos e potenciais hidráulicos;

- a energia geotérmica que se origina do interior do planeta (32×10^{12} watts);

- a energia proveniente das interações gravitacionais com a Lua e com o Sol (potência de 3×10^{12} watts);

- a energia nuclear (cujos recursos são abundantes, porém exauríveis).

Após passar por várias transformações (atrito, degradação térmica etc.), a energia dessas fontes acaba por se transformar em calor na temperatura ambiente e é enviada de volta ao espaço sob a forma de radiação térmica. É por essa razão que a temperatura da superfície da Terra se mantém constante: perturbações mais sérias nesse delicado equilíbrio (como, por exemplo, a produção de enormes quantidades adicionais de calor, por meio de reatores nucleares) introduziriam uma nova fonte de calor, que poderia perturbar o equilíbrio, fazendo a

TABELA 3.1 – Potência energética instalada das fontes renováveis	
Forma de energia	**em 10^{12} watts**
Solar	174.000
Geotérmica	32
Das marés	3
Nuclear*	0,3

* Estima-se que para manter essa potência instalada existam reservas de urânio para mil anos.
Fonte: Referência [2].

temperatura do ambiente subir. Outra perturbação possível é a introdução de poluentes ou gases na atmosfera (como CO_2), que alteram a sua composição, impedindo a saída de radiação térmica para o espaço. Se a atmosfera se tornasse totalmente opaca à radiação térmica, a água dos oceanos atingiria a temperatura de ebulição em 150 anos.

As fontes mencionadas aqui, exceto a energia nuclear, são renováveis, isto é, disponíveis continuamente, exceto pelas oscilações astronômicas regulares – noite-dia e fases de Lua, no caso das marés.

3.1 Energia solar

A energia solar é totalmente dominante na superfície da Terra, sendo 5.000 vezes maior do que a combinação das outras duas, a geotérmica e a das marés.

Aproximadamente 29% da energia solar é diretamente refletida e reemitida ao espaço como radiação de comprimento de onda curta visível; é por essa razão que as fotografias da Terra tiradas da Lua mostram-na como levemente azulada.

Os restantes 71% são responsáveis pelo clima e pelas demais condições físicas da superfície da Terra.

Destes, 24% são consumidos na evaporação, precipitação e circulação de água no ciclo hidrológico. Parte dessa energia se transforma em energia potencial da água contida na atmosfera ou nos lagos e rios situados acima do nível do mar. Essa energia se dissipa em calor quando a água se precipita (sob a forma de chuva ou neve) sobre a superfície da Terra ou sobre os oceanos; se a região da Terra em que a precipitação ocorre está acima do nível do mar, ela pode ser convertida em energia hidrelétrica.

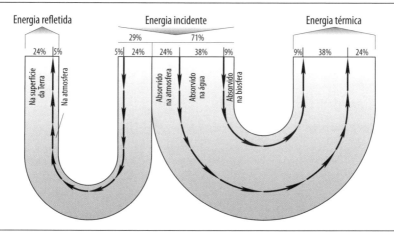

FIGURA 3.1 – Representação esquemática da ação da energia solar sobre a Terra.
Fonte: Referência [2].

Os 47% restantes são absorvidos pela atmosfera, pelos oceanos e pela própria superfície da Terra sob a forma de calor. Essa fração determina a temperatura do ambiente em que vivemos.

Esses 71% de radiação solar incidente, após passarem por vários processos dissipativos, são reemitidos como ondas longas (térmicas), enquanto as ondas incidentes (e as refletidas) são ondas curtas (luz visível).

Uma fração pequena desses 71% (cerca de 0,2%, ou seja, 370×10^{12} watts) é dissipada na produção de ventos, correntes oceânicas e ondas, isto é, na circulação do ar e das águas. Uma fração pequeníssima de 40×10^{12} watts (0,02% da radiação solar) incidente é captada pela fotossíntese.

Medidas da intensidade da radiação solar incidente no topo da atmosfera solar, feitas em satélites, nos dão para essa grandeza o valor de

$$I = 1.363 \text{ watts/m}^2$$

Como o raio médio da Terra é $r = 6{,}371 \times 10^6$ metros, ela intercepta uma área de $\pi r^2 = 127{,}5 \times 10^{12}$ m² e, portanto, a energia total incidente nela (Figura 3.2) é de:

$$Io = 174.000 \times 10^{12} \text{ watts}$$

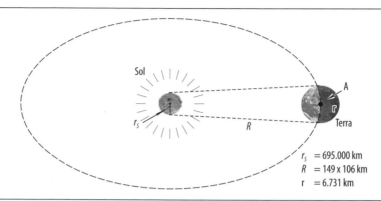

FIGURA 3.2 – A Terra no seu movimento em torno do Sol (órbita de raio R).

3.2 Energia geotérmica

A energia geotérmica é a que atinge a superfície da Terra pela condução de calor proveniente do seu interior (ou pela convecção de massas de matéria aquecida por meio de vulcões e vapor).

A Terra é um enorme reservatório de energia térmica; grande parte dessa energia, contudo, está distribuída de maneira muito difusa ou em profundidades muito grandes e, por conseguinte, inacessíveis para que possa ser considerada uma fonte prática de energia.

Uma maneira simples de demonstrar isso é a seguinte: consideremos uma camada superficial da Terra, de 10 quilômetros de espessura (Figura 3.3). O gradiente de temperatura nesses 10 quilômetros é de aproximadamente 20 °C/quilômetro, isto é, a temperatura é de 200 °C na máxima profundidade considerada. Tomemos a temperatura média (acima da temperatura do ambiente) como 100 °C e um calor específico médio de 0,6 cal/cm^3; o calor total armazenado nessa camada é de 6 × 10^{24} calorias (só na área continental dos Estados Unidos). A área dos Estados Unidos é de cerca de 9,3 milhões de quilômetros quadrados.

3.3 Energia das marés

O sistema Lua-Terra-Sol produz uma distorção da parte sólida da Terra (marés terrestres) e uma ascensão e queda do nível dos oceanos, que ocorre duas vezes a cada 24 horas (marés oceânicas). Apesar de usualmente provocarem ascensões pequenas (da ordem de um metro), as marés podem dar origem a oscilações maiores em baías e estuários, onde ocasionam ascensões de grandes massas de água de muitos metros, a cada 12 horas.

O movimento da água ao preencher as baías e estuários na maré alta e ao represar para o mar na maré baixa pode ser usado para acionar turbinas e gerar eletricidade (Figura 3.4).

A biomassa e combustíveis fósseis

Em forma simplificada, a fotossíntese é representada pela seguinte reação química:

Radiação solar + CO_2 + H_2O → carboidratos + O_2

Carboidratos são compostos orgânicos cuja unidade fundamental é o conjunto:

$$[CH_2O]$$

Por meio dessa reação, CO_2 e água se combinam para formar substâncias orgânicas nas plantas onde energia solar é armazenada sob a forma de compostos químicos. A fórmula

$$O_2 + [CH_2O] → + H_2O + calor$$

é a reação inversa da fotossíntese. Essa reação ocorre lentamente em condições normais de temperatura; a altas temperaturas, a mesma reação dá origem à combustão, que consome rapidamente os carboidratos.

Em média, a energia liberada na oxidação é *quase* exatamente igual à energia capturada na fotossíntese, de modo que a quantidade total de matéria orgânica se mantém *quase* constante ou varia muito lentamente ao longo de extensos períodos de tempo.

Há, porém, uma exceção: ocasionalmente, plantas e restos de animais (matéria orgânica em geral) se acumulam em decorrência de fenômenos naturais (sedimentação, terremotos, soterramentos) em ambientes deficientes de oxigênio, em que a combustão completa é impossível.

No passado, muitos desses depósitos foram soterrados sob grandes espessuras de detritos de sedimentação, areia e pedras e lentamente se transformaram nos atuais combustíveis fósseis: turfa, lignito e carvão mineral. Esses combustíveis se originam de depósitos terrestres e lacustres. Depósitos marinhos deram origem ao gás natural, ao petróleo e ao xisto.

Os atuais combustíveis fósseis se originaram de uma fração muito pequena da energia solar armazenada sob a forma de matéria orgânica ao longo de um período de centenas de milhões de anos.

Esse processo continua a ocorrer, mas nos próximos milhares de anos produzirá quantidades de combustíveis desprezíveis diante das já existentes.

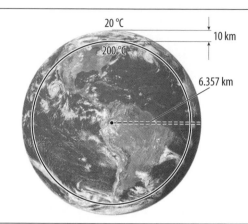

FIGURA 3.3 – Notação para o cálculo da quantidade de calor disponível numa crosta de 10 km do globo terrestre.

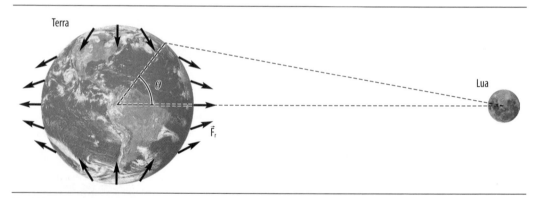

FIGURA 3.4 – Resultantes responsáveis pelas marés.

4 Consumo atual de energia e tendências

A figura abaixo mostra quais fontes de energia primária são usadas hoje pela humanidade.

A energia primária é submetida a transformações gerando a energia **secundária**, que é efetivamente consumida pelo homem, satisfazendo suas necessidades:

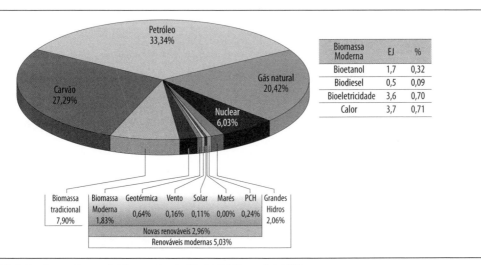

FIGURA 4.1 – Demanda mundial de energia primária (2008) Partes de 516 EJ.
Fonte: Referência [2].

- **eletricidade** gerada a partir de hidrelétricas (movidas a energia hidráulica), termelétricas (movidas a combustíveis fósseis, calor geotermal, biomassa ou fissão nuclear), usinas eólicas, painéis fotovoltaicos;

- **derivados de petróleo** (como o óleo diesel, óleo combustível, gasolina, querosene, gás liquefeito de petróleo);

- **biomassa "moderna**[1]**"** (como o biogás de aterros e os biocombustíveis);

- **calor** de processo e de aquecimento distrital, obtido por combustão em caldeiras.

Entre a produção de energia primária (carvão, gás, petróleo, urânio etc.) até seu uso final como iluminação ou refrigeração existem diversas etapas nas quais ocorrem perdas. A análise do "ciclo de vida", que vai do uso final até a energia primária, é muito importante para calcular a eficiência total do sistema (Figura 4.2).

Os seres humanos têm necessidade de serviços energéticos como transporte, aquecimento e refrigeração, que podem ser supridos a partir de diferentes fontes com maior ou menor eficiência. É incorreto, portanto, pensar que a única forma de resolver os problemas energéticos é o aumento das fontes primárias; como veremos mais adiante, a eficiência de sua transformação em serviços energéticos é o que realmente importa.

O atual sistema energético mundial é fortemente dependente de combustíveis fósseis. Em 2004, ele era de 11.223 Mtep para uma população de 6.352 milhões, ou seja, um consumo *per capita* de 1,77 tep.

O consumo mundial cresceu de 2,1% de 1971 a 2009, como mostra a Figura 4.3.

Se as atuais tendências continuarem, teremos em 2030 um consumo de 19 Gtep, quase duas vezes o consumo de 2004. Esse sistema energético baseado essencialmente em combustíveis fósseis, que representam mais de 80% da energia primária em 2008, é responsável pelo

---

[1] A biomassa tradicional é aquela usada com tecnologias primitivas para cocção e aquecimento residencial nas áreas rurais. Em geral, ela se baseia no uso de resíduos florestais, dejetos de animais e, às vezes, desflorestamento não renovável.

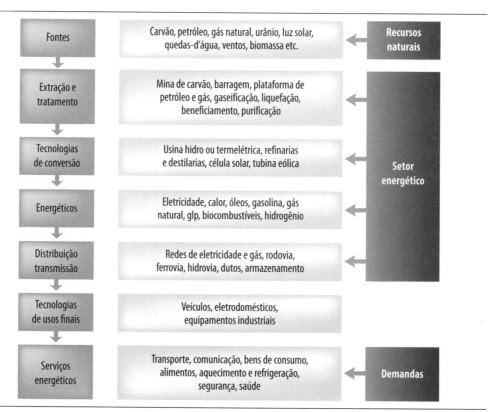

FIGURA 4.2 – Ciclo de vida de um sistema energético.

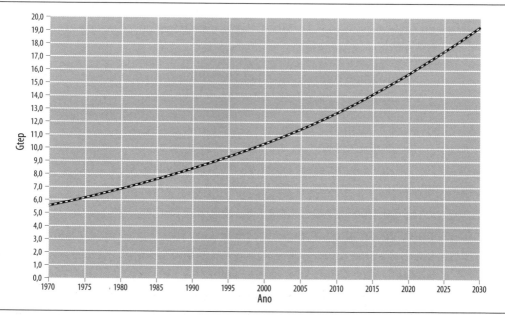

FIGURA 4.3 – Consumo mundial de energia 1970-2030.
Fonte: Referência [2].

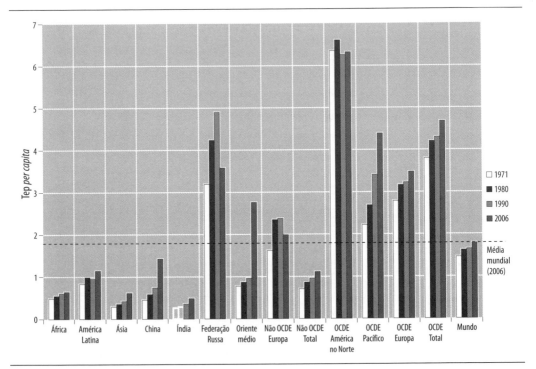

FIGURA 4.4 – Contrastes no consumo mundial de energia.
Fonte: Referência [4].

enorme progresso material da humanidade no século XX, permitindo que cerca de um quarto da população mundial (concentrada nos países da Europa, Estados Unidos e Japão) atingisse um nível de conforto sem precedentes na história.

As energias renováveis (biomassa moderna, geotérmica, eólica, solar – incluindo térmica e fotovoltaica – e hidrelétrica) representam apenas 13% da energia primária. A energia nuclear contribui com 6%.

Permanecem ainda, porém, consideráveis diferenças no consumo *per capita*, como mostra a Figura 4.4. Este é um dos principais problemas que o mundo enfrenta hoje.

O consumo anual médio de energia *per capita* mundial em 2004 foi de aproximadamente 1,77 tep (ou $1,77 \times 10^7$ kcal). Há, contudo, uma enorme diferença entre o consumo de energia *per capita* dos países industrializados – onde vivem 18,3% da população mundial – e o dos países em desenvolvimento, onde vivem os restantes 81,7%. Os Estados Unidos sozinhos, com 4,6% da população mundial, consomem 20,7% de toda a energia produzida no planeta. Enquanto Bangladesh consumiu 0,16 tep por habitante, a Islândia consumiu 11,9 tep por habitante.

O fato de o consumo *per capita* ser quase dez vezes maior nos Estados Unidos do que na Índia é um fator de instabilidade social e política que gera inclusive grandes migrações. A busca de uma maior equidade no acesso à energia no mundo é claramente um dos objetivos de um desenvolvimento sustentável.

5 Os problemas do atual sistema energético

Existem três problemas que mostram claramente que a atual rota de desenvolvimento baseada no consumo de combustíveis fósseis não é sustentável:

- Exaustão das reservas
- Segurança de abastecimento
- Impactos ambientais

5.1 Exaustão das reservas

As reservas de petróleo, gás natural e carvão são finitas e devem se esgotar dentro de 41, 64 e 241 anos respectivamente.

Muito antes disso, contudo, a produção mundial dessas fontes de energia começarão a dar sinais de exaustão. A Figura 5.1 mostra o declínio de produção do petróleo em inúmeros países do mundo.

Com isso, está aumentando a dependência do fornecimento de petróleo dos países da Opep (Organização dos Países Exportadores de Petróleo), a maioria dos quais se situa no Oriente Médio (Figura 5.2).

Parte dos recursos são as **reservas**, quantidades determinadas ou estimadas para os depósitos naturais de energéticos em um dado local, com base em prospecções (geológicas, hidrológicas, de regime de ven-

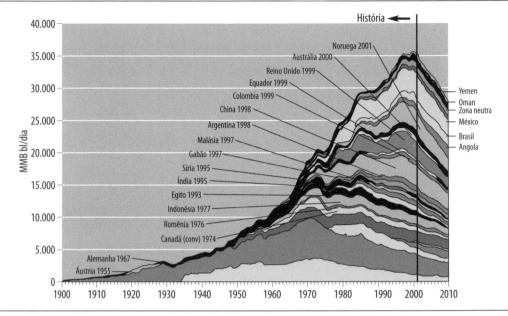

FIGURA 5.1 – Declínio da produção de petróleo nos países não membros da Opep e da ex-URSS.
Fonte: Referência [2].

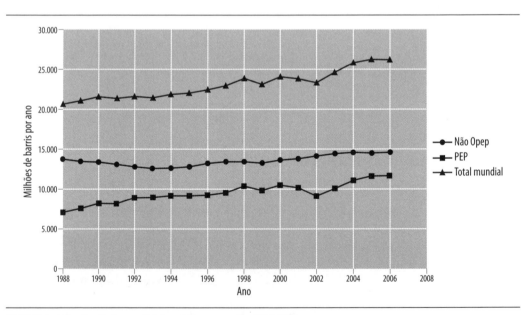

FIGURA 5.2 – Produção mundial de petróleo por região, 1988-2006.
Fonte: Referência [2].

tos) e dados de engenharia, ao alcance das tecnologias comerciais de extração e produção. Em função da viabilidade e da certeza de obtenção, as reservas podem ser:

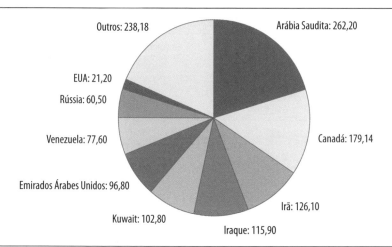

FIGURA 5.3 – Reservas mundiais provadas de petróleo em bilhões de barris (2004).
Fonte: Referência [2].

- **provadas** (também chamadas de 1P), que podem ser exploradas economicamente com razoável certeza (cerca de 90%);

- **prováveis** (inclusive as provadas, e por isso chamadas de 2P): exploráveis com probabilidade de 50%, com tecnologias comerciais atuais ou em avançado estágio de desenvolvimento pré-comercial; e

- **possíveis** (inclusive as provadas e prováveis, 3P): reservas que têm probabilidade de cerca de 10% de exploração, sob circunstâncias favoráveis.

A definição exata de reservas provadas varia entre os países e entre as diferentes empresas que exploram os recursos, já que o anúncio de uma nova descoberta (ou as especulações feitas sobre ela) pode ter uma grande repercussão nos preços de ações e na situação estratégica e geopolítica.

Por ser extremamente versátil e facilmente transportável e estocável, o petróleo é atualmente o energético mais importante e estratégico do planeta. Contudo, a maioria das reservas de petróleo está concentrada em poucos países (Figura 5.3).

Dos cerca de dois trilhões de barris de petróleo estimados que o planeta possuía originalmente, de 45% a 70% já foram explorados até hoje. Entre 1965 e 2005, produziu-se 0,92 trilhão de barris de petróleo.

TABELA 5.1 – Consumo mundial de energia (2007)			
Fonte	Reservas provadas (10^9 tep)[a]	Consumo anual (10^9 tep)	Razão das reservas estáticas para produção (ano)[b]
Combustíveis fósseis		9,74	
Petróleo	168,6	3,95	45
Gás natural	160,0	2,65	69
Carvão	430,0	3,18	452

Fonte: Referência [5].

Resta cerca de 1,2 trilhão de barris a explorar, o que deve se esgotar em cerca de 50 anos.

Expresso em anos remanescentes, a razão Reservas/Produção (R/P) considera estáticas as reservas provadas remanescentes ao final de um dado ano, cujo valor é dividido pela produção desse mesmo ano, também considerada constante no futuro. A Tabela 5.1 apresenta a relação R/P das reservas mundiais de petróleo, gás natural e carvão.

5.2 Segurança de abastecimento

Como a segurança no fornecimento de energia é um aspecto vital na geopolítica dos países, as reservas internas determinam fortemente suas posições em negociações internacionais, tanto comerciais quanto ambientais. A Organização dos Países Produtores de Petróleo (OPEP) foi fundada na década de 1970 para obter melhores condições comerciais. O Oriente Médio é uma região de vital importância estratégica. Muitos países possuem vastas reservas de carvão pouco exploradas, o que lhes garante o suprimento por mais dois ou três séculos, mas gera altos níveis de poluição. A relação R/P de petróleo é muitíssimo menor, da ordem de poucas décadas, levando muitos países a prospectar e desenvolver outras opções energéticas.

O aumento da dependência de importações de petróleo dos países do Oriente é ilustrado na Figura 5.4, que mostra os principais fluxos aos países consumidores (Europa, Ásia e Estados Unidos).

Essa dependência não é vista com tranquilidade pelos países consumidores, uma vez que não assegura um desenvolvimento sustentável.

FIGURA 5.4 – Fluxos de petróleo.
Fonte: Referência [3].

5.3 Impactos ambientais

O meio ambiente muda continuamente em decorrência de causas naturais sobre as quais temos pouco ou nenhum controle. As estações do ano são as mais evidentes dessas mudanças, principalmente nas regiões de grandes latitudes (Norte ou Sul). Há muitas outras variações naturais, que se devem a alterações das manchas solares na superfície do Sol, a erupções vulcânicas, terremotos, furacões, inundações e queimadas em florestas, que afetam o meio ambiente.

O consumo de energia pelo homem é, porém, a principal origem de grande parte dos impactos ambientais, em todos os níveis. Em uma escala micro, desencadeou, por exemplo, doenças respiratórias, com o uso primitivo de lenha. Num nível macro, é a principal fonte das emissões de gases de **efeito estufa**, que intensifica as mudanças climáticas e causa perda de biodiversidade. Em algumas situações, a energia não tem um papel dominante, mas ainda assim é importante: é o caso, por exemplo, da degradação costeira e marinha, devida, em parte, a vazamentos de petróleo e outros desastres ambientais (Tabela 5.2).

A vida sobre a Terra tem mostrado uma resistência surpreendente em suportar essas variações no meio ambiente, e a humanidade, em particu-

TABELA 5.2 – Impactos ambientais segundo o combustível utilizado		
	Problema	Principal causa
Local	Poluição urbana do ar	Uso dos combustíveis fósseis para transporte.
	Poluição doa ar em ambientes fechados	Uso de combustíveis sólidos (biomassa e carvão) para aquecimento e cocção.
Regional	Chuva ácida	Emissões de enxofre e nitrogênio, matéria particulada e ozônio na queima de combustíveis fósseis principalmente no transporte.
Global	Efeito estufa	Emissões de CO_2 na queima de combustíveis fósseis.
	Desmatamento	Produção de lenha e carvão vegetal e expansão da fronteira agrícola.
	Degradação costeira e marinha	Transporte de combustíveis fósseis.

Fonte: Referências [2], [3].

lar, tem se adaptado bem às mudanças do clima após a última glaciação, há aproximadamente 10 mil anos, quando a maior parte do hemisfério norte foi coberta por gelo e neve. Contudo, a maioria das mudanças naturais em nosso meio ambiente ocorreram lentamente ao longo do tempo, ou seja, durante séculos e milênios. Mais recentemente eles se tornaram comparáveis aos causados por efeitos naturais, e o que os caracteriza é o fato de ocorrerem num curto período de tempo (décadas).

Por que esses problemas são tão importantes hoje e não eram há cem anos? A resposta a essa questão é: existem hoje 6 bilhões de pessoas na face da Terra, e cada uma consome em média oito toneladas de recursos minerais por ano. Há um século, a população era de 1,5 bilhão e o consumo era menor do que duas toneladas *per capita*. O impacto total hoje é 16 vezes maior (48 bilhões de toneladas por ano). O homem se tornou uma força de proporção geológica, já que as forças naturais (vento, erosão, chuvas, erupções vulcânicas etc.) movimentam também cerca de 50 bilhões de toneladas por ano.

De modo geral, todos esses problemas têm várias causas, tais como o aumento populacional, a indústria, os transportes, a agricultura e até mesmo o turismo, além das mudanças dos padrões de consumo. A forma como a energia é produzida e utilizada, contudo, está na raiz de muitas dessas causas.

5.3.1 Poluição local

A poluição de âmbito local é em geral a que gera os primeiros problemas e preocupações. Esse não é um problema recente: já durante o Império Romano existiam dispositivos legais para reduzir os incômodos causados pelos esgotos lançados em cursos d'água e pela fumaça de residências e pequenas manufaturas. Os antigos romanos também derretiam grandes quantidades de chumbo para fabricar tubulações de água, contaminando vastas regiões. Na Idade Média, o uso de carvão em Londres se intensificou, e já no final do século XVI, os problemas de poluição do ar eram bastante expressivos. Com a Revolução Industrial, a concentração de poluentes no ar atingia níveis devastadores em várias cidades inglesas, aumentando o número de mortes e doenças, principalmente quando havia névoa (*fog*) e fumaça (*smoke*), formando o chamado *smog*. Em 1875 já se registravam casos de câncer em limpadores de chaminés. Uma lei inglesa de 1875 continha uma seção dedicada à redução da fumaça em zonas urbanas, e outra, de 1926, tinha como foco as emissões industriais. Por muitos séculos, a poluição foi um assunto de âmbito municipal e era comum presenciar cenas de cidades imersas em fumaça (Figura 5.5).

Em 1943, um episódio crítico de *smog* ocorreu em Los Angeles, levando o governo da Califórnia a proibir emissões acima de certo nível e a definir um controle das emissões que causavam incômodos à população. Isso levou aos primeiros estudos para padrões de qualidade ambiental baseados nos efeitos sobre a saúde humana.

Um dos episódios mais sérios ocorreu em 1952 em Londres, quando um nevoeiro (*fog*) muito intenso foi responsável por cerca de 4 mil mortes e mais de 20 mil casos de doenças num período de poucas semanas (Figura 5.6). Tais eventos levaram à aprovação da Lei do Ar Puro na Inglaterra em 1956, estabelecendo limites para a emissão de poluentes e níveis aceitáveis da qualidade do ar.

Outras leis se seguiram em outros países da América do Norte e da Europa Ocidental, criando agências para monitorar, regular e avaliar a qualidade ambiental. Em 1963, os Estados Unidos adotaram o Ato do Ar Limpo (*Clean Air Act*).

FIGURA 5.5 – Poluição em Donora, Pensilvânia, Estados Unidos (1910 e 1948).

FIGURA 5.6 – O grande *smog* de Londres (1952).
Fonte: Referência [2].

5.3.2 Poluição regional

O ar poluído dos grandes centros urbanos pode conter vestígios de erupções vulcânicas, queimadas de florestas e areia de desertos provenientes de locais que estão a milhares de quilômetros de distância. O ar pode também ser afetado por indústrias, termelétricas e veículos situados em outros estados ou mesmo países cujas emissões não possuam o devido controle. A principal fonte desses problemas é a chuva ácida, que é o tipo principal de poluição regional. Preocupações sobre os danos da acidificação de lagos foram levantadas na Suécia há mais de 30 anos, quando o declínio da população de peixes nos rios e lagos foi relacionado com mudanças na acidez da água[1].

Algumas espécies de animais são bastante vulneráveis à acidificação. É o caso de crustáceos e moluscos que não conseguem se formar, alterando toda a cadeia alimentar. Trutas, salmões e recifes de corais também são muito afetados, assim como várias espécies vegetais. Além disso, a chuva ácida corrói edifícios e monumentos, principalmente os que contêm cálcio, como é o caso do mármore (carbonato de cálcio).

A química do processo de produção de chuva ácida é entendida apenas parcialmente. Vários mecanismos podem ocasionar a formação de ácidos, e as reações químicas dominantes dependem da localização e das condições do tempo, assim como da composição química da atmosfera local. A luz solar, a fuligem e os resíduos de metais também podem acelerar, sob certas circunstâncias, o processo de formação ácida.

Os principais precursores da chuva ácida são os dióxidos de enxofre (SO_2) e de nitrogênio (NO_2), por meio de dois mecanismos:

1. A precipitação seca dos óxidos, que se deposita sobre a vegetação (principalmente os pinheiros e outras coníferas, que não perdem as folhas no inverno), monumentos e construções;

2. A precipitação úmida, que ocorre quando os óxidos são dissolvidos na chuva ou em vapores-d'água atmosféricos, formando o ácido sulfúrico (H_2SO_4) e o ácido nítrico (NHO_3).

---

[1] A acidez é medida pela concentração de H+ (íons de hidrogênio) em unidade de pH. O pH 7,0 é neutro; substâncias com o pH menor que sete são ácidos e aquelas acima de sete são básicos. O pH de precipitação de chuva ácida na Europa Ocidental e nos Estados Unidos se situa tipicamente no intervalo 4-5.

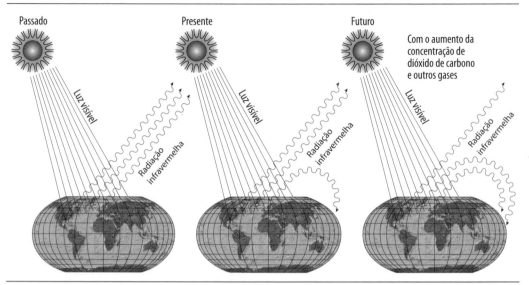

FIGURA 5.7 – O efeito estufa.
Fonte: Referência [2].

5.3.3 Poluição global

A atmosfera da Terra é quase totalmente transparente à radiação solar incidente. Uma fração dessa radiação é refletida de volta para o espaço, mas a sua maior parte atinge a superfície do planeta, principalmente sob a forma de luz visível, onde é absorvida e reemitida como radiação térmica, em todas as direções, por raios infravermelhos. Porém, a atmosfera contém gases que não são transparentes à radiação térmica, que atuam como um cobertor ao redor da Terra e a aquecem, da mesma forma que uma estufa que permanece suficientemente quente no inverno para permitir o crescimento de vegetais e flores fora das estações (Figura 5.7).

Como consequência da ação dos chamados gases de efeito estufa (GEE, principalmente o dióxido de carbono e o metano), o planeta perde menos calor para o espaço. É a existência da atmosfera e dos GEE que permitem a vida na Terra. Eles atuam como estabilizadores contra mudanças abruptas na temperatura entre a noite e o dia. Sem os GEE, estima-se que a temperatura média na superfície da Terra seria de 15 a 20 °C abaixo de zero. A Lua e Marte, que não possuem atmosfera, sofrem grandes diferenças de temperatura ao longo do dia. Vênus, diferentemente, possui uma atmosfera muito espessa com alto percentual de CO_2, e sua superfície tem temperaturas permanentemente elevadas (cerca de 800 °C).

Os problemas do atual sistema energético

O aquecimento produzido depende da concentração e das propriedades de cada gás, além da quantidade de tempo que os gases permanecem na atmosfera. Os aerossóis (partículas pequenas) dos vulcões, das emissões de sulfatos pelas indústrias e de outras fontes também podem absorver e refletir radiação. Na maioria dos casos, os aerossóis tendem a esfriar o clima. Os aerossóis e o ozônio (troposférico e estratosférico) também são fatores que causam o aumento do efeito estufa. Há ainda as mudanças no albedo de superfície – uma medida de refletividade – alterada, por exemplo, pela mudança no uso do solo e pela deposição de fuligem escura sobre a neve branca.

Foi Svante Arrhenius, cientista sueco, quem, no fim do século XIX, sugeriu que as emissões de CO_2 de origem **antropogênica** (causadas pelas atividades humanas) resultam no aquecimento da Terra, mas essa hipótese permaneceu como um assunto acadêmico até o final do século XX. Essas mudanças se sobrepõem às variações naturais do clima e para distingui-las é necessário identificar "sinais" contra o "ruído de fundo" da variabilidade climática natural.

Isso não é uma tarefa fácil. A melhor informação disponível sobre as mudanças climáticas globais são as avaliações científicas do Painel Intergovernamental sobre Mudanças Climáticas (IPCC), que, em 1990, publicou seu primeiro relatório, atualizado a cada três ou quatro anos. A quarta versão foi publicada em 2006 e as suas principais conclusões são resumidas no quadro a seguir.

Conclusões do 4º relatório do IPCC – As bases físicas científicas

a) a concentração de dióxido de carbono – CO_2, o mais importante gás de efeito estufa – aumentou das 280 partes por milhão (ppm) na época pré-industrial para 379 ppm em 2005, excedendo de longe a faixa natural (180-300) observada nos últimos 650 mil anos por amostras em camadas de gelo. A taxa de crescimento entre 1995 e 2005 foi de 1,9 ppm ao ano. A emissão média mundial entre 2000 e 2005 foi de 26,4 Gt CO_2/ano (ou 7,2 GtCeq/ano) pela queima de combustíveis fósseis, comparada com 23,5 Gt CO_2/ano na década e 1990. A segunda maior fonte de emissão foram as mudanças no uso do solo, com 5,9 Gt CO_2/ano nos anos 1990.

b) a concentração média de metano (CH_4) na atmosfera aumentou dos 715 partes por bilhão (ppb) pré-industriais para 1.774 ppb em 2005; a variação natural nos últimos 650 mil anos foi de 320-790 ppb. As diferentes fontes de emissão ainda não estão bem determinadas.

c) no caso de óxido nitroso (N_2O), as concentrações atmosféricas pré-industriais eram de 270 ppb e as do ano de 2005 foram de 319 ppb. O crescimento é constante desde 1980 e a principal fonte é a agricultura.

d) a forçante radioativa combinada de CO_2, CH_4 e N_2O é de +2,30 W · m^{-2}, o que muito provavelmente não ocorreu nos últimos 10 mil anos.

e) entre 1995 e 2006, 11 anos apresentaram recordes de temperatura média, medida desde 1850. Entre 1906 e 2005 a temperatura média da Terra aumentou 0,74 °C. O aumento linear de temperatura por década nos últimos 50 anos foi quase o dobro daquele observado nos últimos cem anos. No século passado, o aumento médio de temperatura média no Ártico foi o dobro da média do planeta.

f) geleiras e neves de montanha, assim como as calotas polares, declinaram de forma disseminada. No Ártico, o degelo de primavera aumentou em 15% desde 1900. Efeitos dinâmicos do degelo contribuem ainda mais para o aumento no nível dos oceanos.

g) os oceanos absorvem mais de 80% do calor incidente sobre a Terra e as suas temperaturas médias aumentaram em profundidades de até 3.000 metros, levando a uma expansão volumétrica e ao aumento do nível do mar. O nível do mar subiu 17 centímetros no século XX, sendo 1,8 mm por ano em 1961-2003 e 3,1 mm por ano em 1993-2003.

h) chuvas aumentaram no oeste das Américas, norte da Europa, norte e centro da Ásia. Secas aumentaram no Mediterrâneo, sul da África e Sahel (entre o deserto do Saara e as terras mais férteis a sul) e partes do sul da Ásia. Há evidências de aumentos na atividade de ciclones, principalmente no Atlântico Norte. O aumento de eventos de forte precipitação é consistente com o aquecimento global e com a maior concentração atmosférica de vapor-d'água.

i) secas intenas e mais longas são mais frequentes desde os anos 1970, particularmente nos trópicos e subtrópicos. Também associados a secas estão as alterações em temperaturas de oceanos, padrões de ventos e aumento no degelo em montanhas.

j) pelas modelagens do IPCC, entre 1990 e 2099 a temperatura média do planeta deve aumentar entre 0,3 °C e 6,4 °C; o nível do mar deve aumentar entre 0,18 e 0,59 m; o pH (medida de acidificação) dos oceanos se reduzirá entre 0,14 e 0,35.

k) ainda pelos modelos, o aquecimento será maior sobre a terra do que sobre os oceanos – e mais alto nas latitudes norte; neve e gelo eternos diminuirão; aumentarão as ondas de calor e fortes precipitações; ciclones ficarão mais intensos; tempestades extratropicais rumarão em direção aos polos; correntes oceânicas devem se alterar (a corrente meridional oceânica do Atlântico Norte deverá diminuir em cerca de 25%).

l) para estabilizar as concentrações de CO_2 na atmosfera em 450 ppm, aumentando a temperatura média em 0,5 °C, será preciso no século XXI (um considerável esforço para) reduzir as emissões em 2.460 Gt CO_2 (ou 670 Gt Ceq) para 1.800 Gt CO_2 (490 Gt Ceq).

m) as emissões passadas e futuras de CO_2 por atividades humanas continuarão a contribuir para o aquecimento global e aumento no nível dos oceanos por mais de um milênio, em virtude da escala de tempo para remover esses gases da atmosfera.

No Brasil, as consequências do aquecimento global têm sido objeto de diversos estudos pelos pesquisadores do Instituto Nacional de Pesquisa Espaciais (Inpe), cujas principais previsões são as seguintes:

Impactos das mudanças cimáticas no Brasil

- Amazônia: savanização da floresta. Cobertura florestal cairá de 85% em 2005 para 53% em 2050.
- Semiárido (Nordeste): clima mais seco em decorrência da savanização da Amazônia.
- Zona Costeira: aumento de 40 cm do nível do mar no século XX. Sistemas de esgoto em colapso. Construções à beira-mar e portos afetados.
- Sudeste: tendência de aumento de chuvas.
- Região Sul: aumento de chuvas e de temperatura.
- Agricultura: culturas perenes migrarão para o Sul.
- Recursos hídricos: diminuição da vazão dos rios em decorrência da evaporação, exceto no Sul.

- Grandes cidades: mais chuvas e inundações.
- Saúde: doenças infecciosas transmissíveis, como dengue, tendem a se alastrar.

Em particular, as consequências previstas do aquecimento global no Nordeste são as seguintes:

i. Queda de 11,4% na taxa de crescimento do Produto Bruto Interno (PIB) do Nordeste.

ii. Encolhimento de 79,6% nas terras cultiváveis do Ceará, de 70,1% nas do Piauí, de 66,6% nas da Paraíba e 64,9% nas de Pernambuco.

iii. Agravamento das doenças crônico-degenerativas da população de idosos, que aumentará de tamanho e deverá contribuir para uma elevação de R$ 1,43 bilhão nos gastos com saúde em 2040.

iv. Maior probabilidade de surgirem casos de desnutrição infantil no Maranhão e de mortalidade infantil por diarreia no Maranhão, em Alagoas e em Sergipe.

v. Entre 2030 e 2050, aumento significativo (até 24%) na taxa de migração das áreas mais carentes para os grandes centros urbanos do Nordeste e de outras regiões.

vi. Maior suscetibilidade à ocorrência de esquistossomose na Bahia, de leishmaniose visceral no Maranhão, no Ceará e em Pernambuco, e de doença de Chagas em Sergipe.

6 O caminho para um desenvolvimento sustentável

As soluções para a exaustão dos combustíveis fósseis e os problemas decorrentes do seu uso (segurança de abastecimento e problemas ambientais) podem ser classificadas em quatro categorias:

a) Produção e uso mais eficiente da energia nos transportes, nos processos de produção e nas construções.

b) Utilização crescente de energias renováveis.

c) Desenvolvimento e utilização de novas tecnologias, em especial as baseadas no uso de combustíveis fósseis que resultem em emissões reduzidas.

d) Energia nuclear, se forem resolvidos os problemas relacionados com a disposição final dos resíduos radioativos.

6.1 O aumento da eficiência energética

Entre o potencial que existe para melhorar a eficiência energética, segundo as leis de termodinâmica, e o potencial de mercado, existem várias etapas intermediárias:

- O potencial teórico representa o que se pode atingir com base em considerações termodinâmicas sobre os serviços decorrentes do uso de energia (como o ar-condicionado ou a produção de aço).

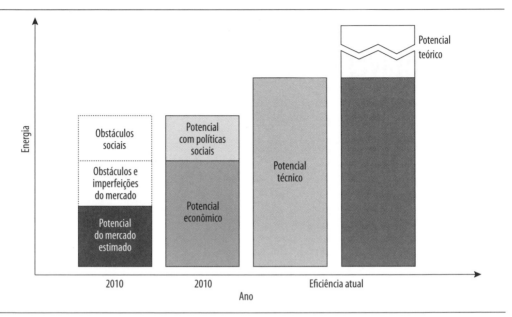

FIGURA 6.1 – Os potenciais de eficiência energética.
Fonte: Referência [3].

- O potencial técnico representa a economia de energia que resulta do uso das tecnologias mais eficientes que estejam comercialmente disponíveis, independentemente de considerações econômicas.

- O potencial de mercado é o que se espera obter dadas as condições de contorno (tais como o preço da energia, as preferências dos consumidores e as políticas públicas). O potencial de mercado reflete os obstáculos e as imperfeições de mercado que fazem com que o potencial técnico seja atingido.

- O potencial econômico representa a economia de energia que seria obtida se todas as adaptações e substituições fossem feitas utilizando as tecnologias mais eficientes e que fazem sentido econômico em relação aos preços da energia no mercado. O potencial econômico implica um mercado que funcione bem com a competição entre novos investimentos no suprimento e na demanda de energia, e no qual as informações necessárias para a tomada de decisões estejam disponíveis.

- O potencial social representa a economia de energia em que são levadas em conta as "externalidades", tais como os custos dos danos causados ou evitados na saúde, da poluição do ar e de outros impactos ecológicos.

Globalmente, a eficiência energética do atual sistema energético é de 37%, mas se acredita que nos próximos 20 anos, nos países da OCDE, consigam-se reduções de 25 a 35% e, nos países em desenvolvimento, de 30 a mais de 45%.

Um progresso enorme tem sido obtido na eficiência energética de muitas áreas da indústria e do setor de transporte, bem como na produção de eletricidade nos países industrializados. Esse processo foi acelerado pelo grande aumento dos preços do petróleo na década de 1970 e pelo temor de uma dependência exagerada desse combustível importado do Oriente Médio. Contudo, muito antes disso, o setor produtivo percebeu que os custos poderiam ser reduzidos por meio de mudanças tecnológicas. Dessa forma, a quantidade de energia usada é reduzida e, paralelamente, são reduzidas as emissões de substâncias prejudiciais ao meio ambiente, em particular SO_2 e CO_2.

A eficiência energética é um componente da eficiência econômica, mas raramente é o componente dominante. Para os setores industriais dos Estados Unidos, os custos de mão de obra e capital representam apenas de 5 a 10% dos custos totais. Por conseguinte, apesar de os especialistas em energia a considerarem como algo especial, o setor produtivo a considera apenas como um dos ingredientes da produção, assim como a mão de obra, o capital e as matérias-primas. É por essa razão que a racionalização do uso de energia não evoluiu muito durante as primeiras décadas do século XX, sobretudo numa época em que a energia era abundante e barata. Contudo, mudanças na preferência do público podem ter altos custos para as indústrias e levarem a longas disputas judiciais. Por esses motivos, o enorme impacto do movimento ambiental da década de 1970 foi muito eficaz em alterar as estratégias das indústrias no sentido de minimizar a emissão de poluentes e levá-las a adotar medidas de eficiência energética.

O efeito de medidas de eficiência energéticas adotadas nos países da OCDE a partir da primeira crise do petróleo em 1973 é indicado na Figura 6.2.

Mais impressionante do que o impacto de medidas de racionalização do uso da energia nos países da OCDE é o caso da China, cujo produto nacional bruto cresceu quase nove vezes de 1990 a 2008, enquanto as

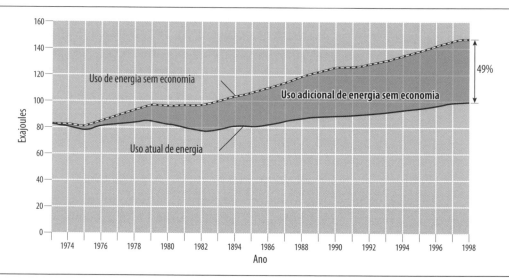

FIGURA 6.2 – Economia de energia OCDE (1973-1998).
Fonte: Referência [2].

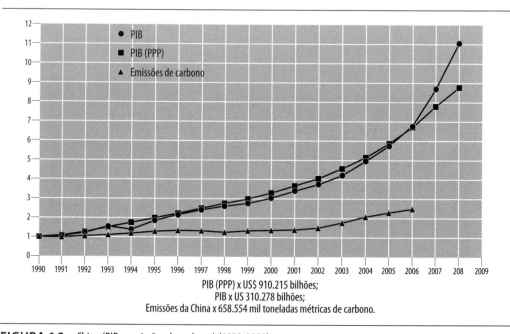

FIGURA 6.3 – China (PIB e emissões de carbono) (1990-2008).
Fonte: Referência [6], [7].

emissões de carbono (resultantes do uso de energia produzida principalmente com carvão) cresceu apenas 2,5 vezes (Figura 20).

Sem estas medidas o consumo de energia em 1998 (25 anos depois) seria 49% maior.

6.2 Energias renováveis

Há uma ampla variedade de tecnologias para produzir eletricidade a partir de fontes renováveis. As principais estão listadas na Tabela 6.1, juntamente com o seu estágio tecnológico e comercial atual.

TABELA 6.1 – Resumo das tecnologias de energia renovável			
Origem	**Tecnologia**	*Status* **técnico**	*Status* **comercial atual**
Biomassa	Rejeitos agrícolas	P-D	A
	Cogeração com bagaço	M	E
	"Fazendas" energéticas	P-D	A
	Incineração de lixo urbano	M-D	A
	Biogás de esgotos domésticos	D	A
	Biogás de efluentes industriais	M-D	A
	Biogás de aterro	M-D	A
Geotérmica	Hidrotérmica	M	E
	Geopresurizada	D	NE
	Rochas secas quentes	P-D	NE
	Magma	P	NE
Hidrelétrica	Pequena escala	M	E
	Grande escala	M	E
Oceânica	Marés	M	A?
	Corrente de maré	P-D	NE
	Ondas costeiras	P-D	A?
	Ondas do mar	P-D	A?
	Térmica oceânica (OTEC)	P-D	A
	Gradiente de salinidade	P	NE
Solar	Termelétrica solar	P-D	NE
	Térmica solar	M	E
	Arquitetura solar	M-D	E
	Fotovoltaica	M-D	A
	Termoquímica	M-P	A?
	Fotoquímica	P	NE
Eólica	Em terra firme	M	A
	No mar	M	A
	Bombas de ar	M-D	A

Notas: 1) Para status técnico: em fase de pesquisa (P); em desenvolvimento (D); tecnologia madura (M); 2) Para o status comercial: economicamente viável (E); não econômico (NE); economicamente viável em certas áreas ou nichos de mercado (A); possível viabilidade econômica em certos nichos de mercado (A?). As tecnologias assinaladas são as mais consolidadas.
Fonte: Referência [2].

TABELA 6.2 – Capacidade instalada para produção de energia renovável (2008)	
Geração de energia (GW)	**Existente no final de 2008**
Grandes hidrelétricas	990
Turbinas eólicas	121
Pequenas hidrelétricas	85
Biomassa	52
Geotérmica	10
Solar PV, conectada à rede	13
Solar PV, não conectada à rede	3,2
Usinas solares térmicas	0,5
Energia das marés	0,3
Água quente/Aquecimento (GWth)	
Biomassa (para aquecimento)	~250 GWth
Coletores solares para aquecimento de água	1.45 GWth
Geotérmica (para aquecimento)	45 GWth
Combustíveis para transporte	
Produção de etanol	67 bilhões litros/ano
Produção de Biodiesel	12 bilhões litros/ano

Fonte: Referência [8].

A Tabela 6.2 mostra qual a capacidade instalada para produção de energia renovável em fins de 2008.

Uma discussão detalhada das características das energias renováveis mais significativas (biomassa, eólica, pequenas centrais elétricas, fotovoltaicas e solar térmica) é feita no Apêndice I.

As principais vantagens do uso de renováveis em relação a combustíveis fósseis são as seguintes:

- Saúde e meio ambiente

  As fontes de energias renováveis emitem muito menos gases de **efeito estufa** e poluentes convencionais (como óxidos de enxofre e particulados) do que fontes de energias fósseis.

- Segurança energética

  As energias renováveis reduzem a possibilidade de falhas no suprimento, volatilidade nos preços e aumentam a diversidade de fontes de energia.

- Desenvolvimento e benefícios econômicos

  As energias renováveis são menos dependentes de importação, geram mais empregos localmente[1] e promovem o desenvolvimento rural.

6.3 As novas tecnologias

Existe uma grande variedade de novas tecnologias em diversos estágios de desenvolvimento, mas vamos discutir aqui apenas as seguintes:

- Hidrogênio
- Células de combustível
- Veículos elétricos e híbridos

O **hidrogênio** é um importante vetor energético (*carrier*) que pode também ser usado como combustível para veículos com emissões ultrabaixas. A armazenagem de hidrogênio é um problema devido à sua baixa densidade energética. O uso de hidrogênio comprimido é a forma mais viável, embora também sejam possíveis a armazenagem de hidrogênio líquido ou de hidretos metálicos. Considerando sua compatibilidade com a infraestrutura existente (produção, estocagem e distribuição), o hidrogênio exigiria mudanças muito significativas para ser usado. Atualmente, a fonte mais provável de hidrogênio é o gás natural e o carvão, que não são fontes de energia renovável. No futuro ele poderia ser produzido a partir da biomassa, que é uma fonte renovável de energia.

As **pilhas** ou **células de combustível** produzem eletricidade por meios eletroquímicos, em contraposição aos processos de combustão nos motores convencionais. Existem células de combustível de diversos tipos. A célula à base de membrana de troca de prótons (também

---

[1] Por exemplo, a produção de etanol de cana de açúcar no Brasil gera 96 vezes mais empregos do que uma quantidade equivalente de petróleo. Moinhos de vento geram 46 vezes mais empregos do que eletricidade gerada com óleo diesel.

TABELA 6.3 – Células de combustível em desenvolvimento	
Alcalinas	AFC (*Alkalin*)
Ácido fosfórico	PAFC (*Phosphoric Acid*)
Membrana polimérica	PEMFC (*Polymer Eletrolyte Membrane*)
Carbonato fundido	MCFC (*Molten Carbonate*)
Óxido sólido	SOFC (*Solid Oxide*)

Fonte: Referência [2].

chamada de polímero sólido) é a principal candidata para o uso em automóveis, em virtude de custo mais baixo, do tamanho mais adequado, da simplicidade do projeto e da possibilidade de ser operada em baixas temperaturas, inferiores a 120 °C.

As células de combustível são de duas a três vezes mais eficientes do que os motores a combustão interna e, como o combustível é eletroquimicamente convertido, não emitem gases poluentes. Muito utilizadas nos programas espaciais dos Estados Unidos, até recentemente seu alto custo e volume dificultou o seu uso em automóveis. Importantes inovações atingidas nos últimos dez anos vêm modificando essa situação, tornando as células uma das tecnologias mais promissoras para um futuro próximo. Ainda não se definiu se a produção de hidrogênio deverá ocorrer no próprio veículo (a partir, por exemplo, de etanol ou metanol) ou se será centralizada.

Os **veículos elétricos**, utilizando baterias, são de grande interesse atualmente, em especial como veículos urbanos. Se a eletricidade que os move vem de uma fonte não fóssil, eles podem representar uma redução significativa na emissão de gases responsáveis pelo efeito estufa. A principal barreira para sua implementação é o estado atual da tecnologia de baterias químicas, resultando em alto custo, automóveis pesados e com alcance limitado. Além disso, enquanto um automóvel a gasolina pode ser abastecido em poucos minutos, a recarga das baterias normalmente requer várias horas. A introdução em grande escala de veículos elétricos exigiria grandes mudanças não apenas no sistema de distribuição de energia e no próprio automóvel, mas também na infraestrutura, na indústria de geração de energia elétrica.

A tecnologia de **veículos híbridos** consiste na utilização de dois diferentes motores responsáveis pela propulsão do veículo, que trabalhem na sua faixa máxima de eficiência: 1) o motor primário pode ser a gasolina, etanol, diesel ou gás natural, com menor potência que um motor convencional, e 2) o motor elétrico. A energia excedente é aproveitada para carregar a bateria do motor elétrico. Com a configuração dos veículos híbridos pode-se atingir uma economia de combustível de até 50% e uma redução de aproximadamente 70% na emissão de poluentes. A grande vantagem dessa tecnologia é que o motor movido a gasolina trabalha a uma rotação e velocidade constantes, economizando combustível e reduzindo os níveis de poluição e ruído. Veículos híbridos com turbina a gás atingem eficiência de até 40% (30 km/litro). Nos Estados Unidos, os veículos híbridos são subsidiados e têm outros privilégios como o de utilizar faixas especiais no trânsito.

6.4 Energia nuclear

O uso de energia nuclear para a produção de eletricidade foi um subproduto do desenvolvimento dos reatores nucleares com fins militares durante e após a Segunda Guerra Mundial (1939-1945). A energia nuclear não é baseada na energia mecânica nem na energia química (como na queima dos combustíveis fósseis). A fonte da energia nuclear é a desintegração do núcleo do átomo de urânio, que libera uma quantidade considerável de energia na forma de energia cinética dos fragmentos do estrôncio (Sr) e do xenônio (Xe), que, em geral, são radioativos. Esse processo é chamado de fissão nuclear e pode ser produzido bombardeando átomos de urânio com projéteis adequados, como nêutrons. A fissão nuclear é acompanhada pela emissão de nêutrons ou prótons e de radiação como os raios X. Os fragmentos finais radioativos constituem os rejeitos nucleares, um dos problemas mais sérios resultantes do uso desse tipo de energia.

Na fissão de um átomo de urânio por um nêutron são produzidos outros três nêutrons, que por sua vez podem provocar outras fissões dando origem a uma reação em cadeia que leva à fissão de um número enorme de outros átomos. Se esse processo ocorrer rapidamente, dará origem a uma explosão nuclear, que é basicamente um grande número de átomos de urânio fissionando-se num curto espaço de tempo.

É possível também "queimar" o urânio lentamente, controlando o aquecimento das barras de elementos radioativos a centenas de graus. Nos reatores a água fervente, a água circula em torno dessas barras, re-

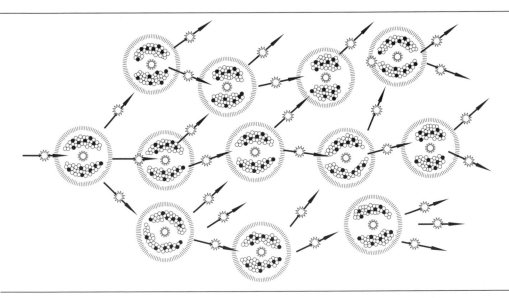

FIGURA 6.4 – Representação esquemática da reação em cadeia provocada pelo processo de fissão nuclear.
Fonte: Referência [2], [9].

tirando seu calor e se convertendo em vapor superaquecido, que pode acionar uma turbina, que gera eletricidade, da mesma forma que numa termelétrica convencional a carvão, petróleo, gás ou biomassa. Os reatores de água pressurizada são os mais utilizados no presente; eles mantêm a água em alta pressão, e o seu calor é transferido a um sistema secundário através de trocadores. Nesse sistema, a água se vaporiza e move as turbinas.

A preparação do urânio requer um ciclo de combustível completo, desde a extração e purificação dos sais de urânio e a sua conversão em um gás, até o "enriquecimento" do urânio no isótopo fissionável U_{235}. O U_{235} constitui apenas 0,7% do total, sendo o restante U_{238}. É necessário utilizar uma mistura de urânio com pelo menos 3% de U_{235} na maioria dos reatores nucleares comerciais.

No ano 2000, as usinas nucleares geraram 16% da eletricidade mundial, num total de 14.115 TWh. A maioria dos 443 reatores nucleares em operação no mundo está na OCDE (que gera 64% de toda a energia nuclear mundial) e na ex-URSS. A capacidade instalada total é de cerca de 370 GW, semelhante à das hidrelétricas.

Cerca de mil toneladas de plutônio geradas pelas usinas nucleares ainda aguardam uma decisão sobre seu destino final. Os rejeitos precisam ser armazenados por milhares de anos em reservatórios subterrâ-

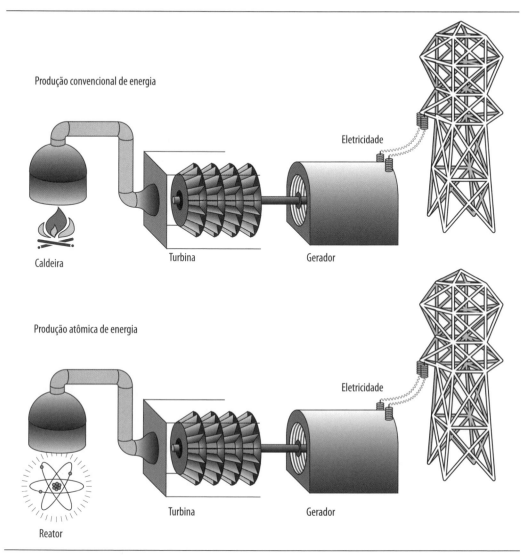

FIGURA 6.5 – Representação esquemática de uma central termelétrica convencional e de uma central atômica.
Fonte: Referência [2], [9].

neos profundos, contidos em cimento, betume e resinas ou vitrificação e armazenagem em formações geológicas estáveis em terra firme ou no leito do mar. Não há ainda um depósito definitivo para esses materiais.

Sob o ponto de vista ambiental, a energia nuclear é frequentemente apresentada por seus defensores como uma alternativa eficiente para o problema das emissões de gases de efeito estufa. Por outro lado, os ambientalistas em geral se opõem aos reatores nucleares por conta dos riscos de acidentes, das incertezas no gerenciamento dos resíduos e dos perigos da proliferação de armas atômicas.

O principal problema da energia nuclear está nos rejeitos radioativos, na segurança e nas emissões de carbono durante todo o seu ciclo de vida, que inclui a desativação (descomissionamento) de minas e reatores.

Captura e Sequestro de Carbono (CCS)

A captura e o sequestro de gás carbônico (CO_2 *Carbon Capture and Storage* ou CCS) na própria fonte, para melhorar a exploração de petróleo e gás natural, ou em depósitos abandonados em águas marinhas profundas, é uma opção técnica a ser considerada quando a principal preocupação é o efeito estufa. Se não houver vazamentos, o gás não vai para a atmosfera (Figura 6.6).

Cerca de um terço de todas as emissões de CO_2 das fontes de energia baseadas em combustível fóssil vêm de usinas termelétricas, um foco prioritário de controle. A ideia de capturar CO_2 dos gases que saem das chaminés das usinas elétricas não começou com preocupações sobre o efeito estufa, mas como uma possível fonte de gás carbônico comercial, para a indústria de bebidas e de gelo seco, por exemplo. Foram construídas e operam nos Estados Unidos várias usinas de recuperação de CO_2, mas a maioria foi fechada por motivos econômicos causados pela queda nos preços do petróleo bruto. Uma vez capturado o CO_2, há o problema de removê-lo. A utilização com fins comerciais é extremamente limitada e não há incentivo econômico para a captura de CO_2. Além disso, há o risco de vazamentos do CO_2 de volta para a atmosfera e, conforme o caso, também o risco de alteração na composição da água do mar. Em altas concentrações, CO_2 é tóxico e pode levar a mortes, como ocorreu na República dos Camarões em 1986, quando um vazamento vulcânico no lago Nyos matou mais de 1.700 pessoas, além de gado e animais silvestres.

Em geral, os processos de captura de CO_2 requerem uma grande quantidade de energia, reduzindo a eficiência de conversão da usina e a potência disponível, aumentando, portanto, a quantidade de CO_2 produzida por unidade de eletricidade gerada. O método mais interessante parece ser a remoção do nitrogênio do ar antes do processo de combustão, pois ele tem o menor custo energético.

Estima-se que os custos adicionais da produção de eletricidade de usinas termelétricas que utilizam CCS sejam, pelo menos, 50% maiores.

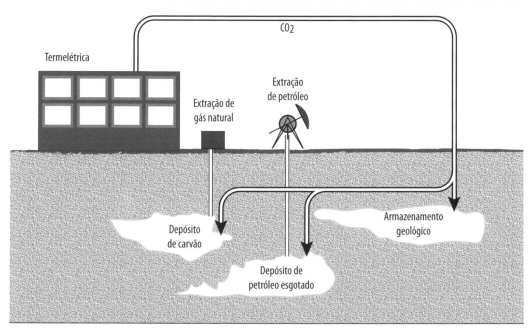

FIGURA 6.6 – Esquema da captura e sequestro de carbono16.
Fonte: Referência [5].

A tecnologia CCS, aliada à produção de hidrogênio, faz parte de uma proposta de "descarbonização" dos combustíveis fósseis, que ainda pode ser considerada futurística. Apesar da tecnologia CCS ser mais ligada às termelétricas a carvão e gás natural, nada impede que ela seja aplicada em usinas de geração de eletricidade por biomassa (como o bagaço de cana). Nesse caso, as emissões líquidas de CO_2 seriam negativas, pois o carbono da atmosfera foi sintetizado nas plantas, transformado em energia e injetado no subsolo. O que, em tese, é interessante, na prática, encontra grandes dificuldades. Uma delas seria transportar o CO_2 da fonte ao depósito final, quer por uma rede de gasodutos (que criaria complicações com proprietários de terras e áreas ecologicamente sensíveis), quer por transporte rodoferroviário (que sobrecarregaria ainda mais a infraestrutura e demandaria mais energia).

7 Energia para um desenvolvimento sustentável

A energia é essencial para as atividades humanas, e o bem-estar de que goza hoje uma parte significante da humanidade é baseado no uso de mais de 10 bilhões de toneladas equivalentes de petróleo (cerca de 500 Exajoules).

Para que essa situação se mantenha e incorpore a parte da humanidade que ainda não tem acesso à energia necessária para assegurar seu progresso, quantidades maiores de energia serão necessárias. Com isso, se agravarão os problemas que discutimos nos capítulos anteriores, caso as fontes de energia usadas sejam combustíveis fósseis e a eficiência com que são transformadas em energia útil seja baixa.

É possível produzir cenários do que o futuro nos reserva tomando como base diferentes hipóteses que incorporem maior eficiência energética e adoção de novas tecnologias. Esses cenários não conseguem captar todos os aspectos do complexo problema de determinar como a energia será usada no futuro, mas podem nos dizer como esse futuro será se determinadas hipóteses se confirmarem.

A Figura 7.1 mostra os resultados de uma variedade de cenários.

Os cenários A, B e C representam respectivamente crescimento econômico, alto, médio e um cenário ecológico. As características principais desses cenários são apresentadas na Tabela 7.1.

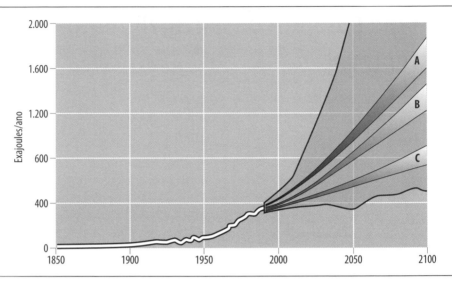

FIGURA 7.1 – Necessidade global de energia primária, 1850-1990, e em três casos, 1990-2100.
Fonte: Referência [3].

Tabela 7.1 – Características de sustentabilidade em três cenários de desenvolvimento energético (2050 e 2100 em comparação com 1990)				
Indicador de sustentabilidade	**1990**	**Cenário A3**	**Cenário B**	**Cenário C1**
Erradicação da pobreza	Baixa	Muito alta	Média	Muito alta
Redução relativa do déficit de renda	Baixa	Alta	Média	Muito alta
Oferecer acesso universal a energia	Baixa	Muito alta	Alta	Muito alta
Aumentar a acessibilidade de compra de energia	Baixa	Alta	Média	Muito alta
Reduzir impactos negativos à saúde	Média	Muito alta	Alta	Muito alta
Reduzir a poluição do ar	Média	Muito alta	Alta	Muito alta
Limitar radionuclídeos de vida longa	Média	Muito baixa	Muito baixa	Alta
Limitar materiais tóxicos	Média	Alta	Baixa	Alta
Limitar emissões de gases de efeito estufa	Baixa	Alta	Baixa	Muito alta
Aumentar o uso de energia a partir de fontes locais	Média	Alta	Baixa	Muito alta
Aumentar a eficiência de abastecimento	Média	Muito alta	Alta	Muito alta
Aumentar a eficiência no uso final	Baixa	Alta	Média	Muito alta
Acelerar a difusão tecnológica	Baixa	Muito alta	Média	Média

Fonte: Referência [3].

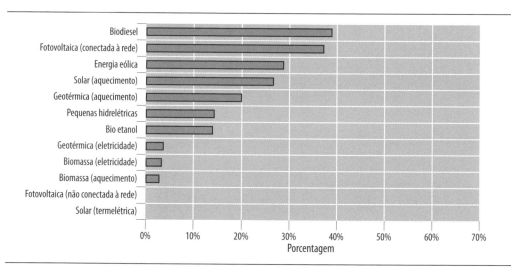

FIGURA 7.2 – Crescimento anual do uso de energias renováveis, 1998-2008.
Fonte: Referência [8].

As faixas, em cada um deles, foram obtidas com pequenas alterações nos parâmetros usados.

O cenário C nos diz que é possível atingir no ano de 2050 um nível de CO_2 na atmosfera de 430 partes por milhão em volume, o que implicará num aumento de temperatura da Terra inferior a 2 °C (a concentração de CO_2 em 1990 foi de 358 partes por milhão em volume).

A fração de energia renovável no Cenário C é mais importante do que nos outros cenários (cerca de 80% para 2100). Será necessário um esforço considerável para atingir essa meta, e muito vai depender da trajetória dos países em desenvolvimento, onde vivem hoje três quartos (75%) da população mundial.

O que está ocorrendo no mundo hoje é que efetivamente o crescimento anual da capacidade instalada das diversas formas de energia renovável é muito elevado, atingindo quase 40% no caso da energia fotovoltaica (Figura 7.2).

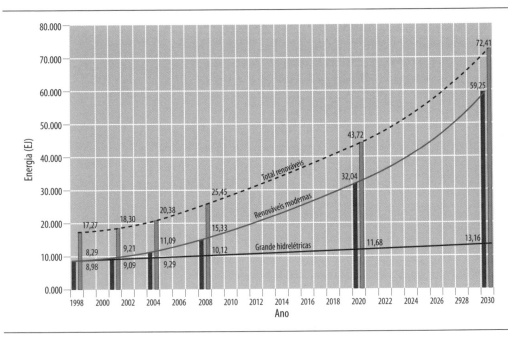

FIGURA 7.3 – Projeção de energias renováveis.
Fonte: Referência [2].

Uma projeção da contribuição das energias renováveis até 2030, usando essas taxas de crescimento, mostra que elas poderiam representar quase 20% do consumo total de energia até 2030 (Figura 7.3).

Existem projeções mais otimistas que permitem prever um sistema energético para 2050 em que 50% da energia usada será produzida com fontes renováveis.

8 Conclusão

Do ponto de vista técnico, existem soluções que permitem construir um futuro energético mais sustentável do que o atual.

Nos países industrializados, onde o nível de consumo de energia é muito elevado, a eficiência energética ainda pode melhorar muito e reduzir a energia necessária para alimentar os atuais padrões de consumo.

Já nos países em desenvolvimento, onde o consumo *per capita* é baixo, as necessidades de desenvolvimento econômico (e da população) vão aumentar. O que é fundamental é que junto com esse desenvolvimento venham tecnologias mais limpas e eficientes e, na medida do possível, energia renovável, que é o único caminho adequado para um desenvolvimento sustentável.

Isso está ocorrendo em maior ou menor grau num grande número de países, mas ainda não na escala necessária. É pertinente mencionar aqui que uma característica fundamental das energias renováveis é que elas geram mais empregos (por unidade de energia produzida) do que as energias de origem fóssil. A Figura 8.1 mostra inúmeros tópicos para todas as energias renováveis. Por exemplo, a produção de etanol no Brasil gera 96 vezes mais empregos do que a produção de petróleo. O mesmo ocorre com medidas de eficiência energética.

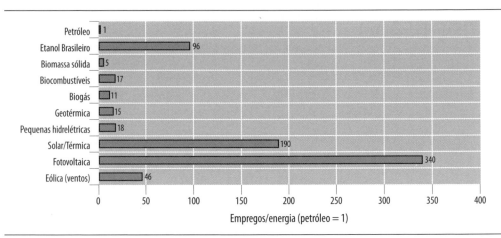

FIGURA 8.1 – Proporção de empregos gerados na exploração de energias renováveis, em relação à exploração de petróleo.
Fonte: Referência [2].

Na época atual da crise financeira internacional, em que a geração de empregos é a primeira prioridade de muitos governos, energias renováveis (e eficiência energética) oferecem uma grande oportunidade para reconstruir o sistema energético numa direção mais sustentável.

A solução alternativa, que depende muito menos de desenvolvimento tecnológico, é a mudança dos padrões altamente intensivos de consumo. Essa mudança exige, porém, alterações muito significativas no comportamento e na reorganização social, que acabarão por acontecer, mas numa escala de tempo maior – séculos talvez – do que as medidas mais urgentes de caráter tecnológico que discutiremos no Apêndice I.

Apêndice I

Neste apêndice, apresentamos as principais características das energias renováveis que estão sendo introduzidas em diversos países do mundo: biomassa, energia solar fotovoltaica, pequenas centrais hidrelétricas (PCHs), energia solar térmica e energia eólica.

Biomassa[1]

A biomassa tem um enorme potencial para contribuir para o suprimento da energia nas próximas décadas, como já fez no passado, quando era a principal fonte de energia. Apenas como exemplo, os Estados Unidos geraram em 2003 um total de 29.000 Gigawatts-hora de eletricidade.

---

[1] Esta seção é baseada no material apresentado em seminário sobre energias renováveis na Escola de Engenharia da Fundação Álvares Penteado em outubro de 2009.
Profa. Dra. Suani Coelho (biomassa) – Coordenadora do Centro Nacional de Referência em Biomassa – Cenbio – Instituto de Eletrotécnica e Energia.
Prof. Dr. Roberto Zilles (Energia Solar Fotovoltaica) Professor Associado – Instituto de Eletrotécnica e Energia.
Prof. Dr. Geraldo Lucio Tiago Filho (Pequenas Centrais Hidrelétricas – PCHs) Professor titular da Universidade Federal de Itajubá – Unifei. Secretário Executivo do Centro Nacional de Referência em PCH.
Profa. Dra. Elizabeth Pereira (Energia Solar Térmica) – Professora da Pontifícia Universidade Católica de Minas Gerais – PUC Minas e Coordenadora do Green Solar.
Prof. Dr. João Tavares Pinho (Energia Eólica) – Professor Titular da Universidade do Pará – UFPA – Presidente da Seção Brasil da Internacional Solar Energy Society.

Tabela AI.1 – Características da biomassa			
Combustível	Umidade (%)	Poder calorífico superior (kWh/kg matéria seca)	Cinzas (% de matéria seca)
Lenha sem casca	50-60	5,1-5,6	0,4-3,0
Bagaço	70	1,8	1,7
Bagaço seco	0-20	5,0	1,0-3,0
Pellets	<10	>4,7	<0,7
Carvão	6-10	7,2-7,9	8,5-10.9

A biomassa gasosa pode ser utilizada em sistemas estacionários – alimentando diretamente motores e/ou turbinas – ou em caldeiras, para gerar vapor. Pode-se também utilizá-la no transporte, em motores modificados, ou sob a forma de hidrogênio reformado, ou ainda em células de combustível.

A biomassa com altos níveis de umidade (esterco, esgotos e lixo) pode ser convertida, por meio da digestão anaeróbia (por bactérias metanofílicas em presença de pouco oxigênio), em biogás, que contém cerca de 75% de CH_4 e o resto em CO_2 e impurezas. Essas impurezas contêm ácido sulfídrico (H_2S) e, em alguns casos (como em motores de combustão interna, ciclo Otto), é necessária uma operação de neutralização química (dessulfurização) para seu uso.

A energia da biomassa traz inúmeros benefícios ambientais, econômicos e sociais em comparação com os combustíveis fósseis quando produzida de forma eficiente e sustentável. Esses benefícios incluem o melhor manejo da terra, a criação de empregos, o uso de áreas agrícolas excedentes nos países industrializados, o fornecimento de energia a comunidades rurais nos países em desenvolvimento, a redução nos níveis de emissões de CO_2, o controle de resíduos e a reciclagem de nutrientes.

As vantagens econômicas da biomassa, principalmente para os países em desenvolvimento, se baseiam no fato de ela ser uma fonte de energia produzida regionalmente, contribuindo assim para a independência energética.

Como a maior parte da biomassa é produzida na zona rural, há uma importante fixação e geração de empregos nessas regiões, principal-

Etanol combustível e cogeração de eletricidade

A produção global de etanol triplicou desde o ano 2000, alcançando 52 bilhões de litros produzidos em 2007. O etanol de cana-de-açúcar brasileiro e o etanol de milho norte-americano lideram o mercado de biocombustíveis.

Por mais de três décadas (de meados da década de 1970 até 2006), o Brasil foi o maior produtor e consumidor de etanol combustível. Em 2007, a produção alcançou 21,9 bilhões de litros, dos quais 18 bilhões de litros para o consumo interno.

No Brasil, a matéria-prima utilizada para a produção de etanol é a cana-de-açúcar, que se destaca como a melhor matéria-prima para produção de energia renovável.

O impulso para a produção de etanol no Brasil surgiu com o lançamento do Programa Nacional do Álcool (Proálcool) em meados da década de 1970, como tentativa para redução da dependência e substituição dos combustíveis fósseis. A partir de 2003, foram lançados comercialmente veículos com os motores flexíveis (*flex-fuel*), aumentando a demanda nacional pelo etanol. Uma discussão completa sobre o Proálcool é feita no Apêndice 2.

A cogeração de eletricidade com o bagaço da cana está aumentando rapidamente graças à modernização dos equipamentos usados, tais como caldeiras de alta pressão. As perspectivas de expansão da geração de energia a partir dos resíduos da cana-de-açúcar, para o Brasil, são apresentadas na Figura AI.1. Estima-se que metade desse potencial será produzido no Estado de São Paulo, onde serão produzidos, com esse combustível renovável, 6 milhões de quilowatts no ano de 2020.

Biodiesel

O biodiesel é um combustível que pode ser fabricado a partir de uma série de matérias-primas (óleos vegetais diversos, gordura animal, óleo de fritura) por meio dos processos de transesterificação e craqueamento. O processo que tem apresentado resultados técnico-econômicos

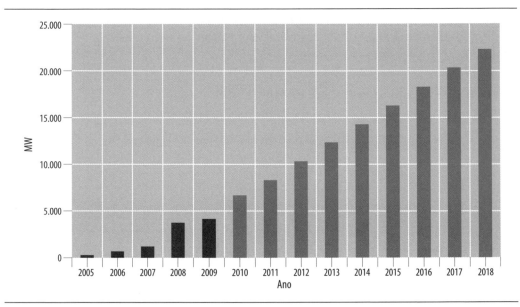

FIGURA AI.1 – Bioeletricidade no Brasil.

mais satisfatórios é a transesterificação, na qual ocorre uma reação entre o óleo vegetal e um álcool (metílico ou etílico), na presença de um catalisador, e cujos produtos são um éster de ácido graxo (biodiesel) e glicerina.

A utilização do biodiesel é bastante difundida, principalmente na Europa Ocidental, cuja produção anual em 2003 atingiu entre 2,5 e 2,7 milhões de toneladas. A Alemanha é o maior produtor mundial, respondendo por 42% da produção de 2002.

No caso brasileiro são utilizados óleos vegetais de diversas oleaginosas, conforme as espécies produzidas em cada região – por exemplo, óleo de palma na região Norte, óleo de mamona na região Nordeste e óleo de soja na região Centro-Oeste. O álcool utilizado na reação é o etanol, produzido a partir da cana-de-açúcar.

O biodiesel tem como função a substituição de energias fósseis. Desde 1.º de julho de 2009, o óleo diesel comercializado em todo o Brasil contém 4% de biodiesel. O Brasil está entre os maiores produtores e consumidores de biodiesel do mundo, com uma produção anual, em 2008, de 1,2 bilhão de litros e uma capacidade instalada, em janeiro de 2009, para 3,7 bilhões de litros.

Apêndice I

Carvão vegetal e lenha

O carvão vegetal é obtido pela transformação de biomassa, em fornos ou reatores pelo processo de pirólise ou carbonização e, quando produzido a partir de lenha de reflorestamento ou resíduos agroindustriais, é um combustível renovável. O carvão vegetal tem maior conteúdo energético do que a lenha e, quando queimado, libera menos fumaça.

Apesar da dificuldade de se quantificar o uso da lenha no mundo, em 2004 essa fonte representava cerca de 7,1% da oferta mundial de energia.

O comércio de lenha no Brasil, em 2005, totalizou 75,7 milhões de toneladas e gerou 3 bilhões de reais para a economia brasileira. Não obstante a importância da participação da lenha na matriz energética brasileira, o comércio de lenha representou 0,15% do PIB brasileiro.

O consumo de carvão vegetal está diretamente relacionado à indústria siderúrgica, e representou 43,3% do consumo de lenha em 2005. Já em 2005, o comércio de carvão vegetal totalizou 5,5 milhões de toneladas e gerou 1,7 bilhão de reais em vendas.

Biogás

A utilização energética do biogás produzido em aterros teve início nos Estados Unidos, na década de 1970, sendo que a primeira planta operada com sucesso começou a funcionar em 1975, em Los Angeles.

O biogás pode ser utilizado de duas maneiras: pela queima direta para produção de calor (cocção, aquecimento ambiental etc.) e pela conversão de biogás em eletricidade.

No Brasil, até há pouco tempo, o biogás era simplesmente um subproduto, obtido a partir da decomposição anaeróbica de lixo urbano, resíduos animais e de lamas provenientes de estações de tratamento de efluentes domésticos. No entanto, o acelerado desenvolvimento econômico dos últimos anos, o aumento do preço dos combustíveis convencionais e as oportunidades criadas pelo Protocolo de Quioto têm encorajado as investigações na produção de energia a partir de novas fontes alternativas e economicamente atrativas.

Energia solar fotovoltaica

Painéis fotovoltaicos (FV ou PV)

Células fotovoltaicas, descobertas em 1954 pelos pesquisadores da Bell Laboratories, convertem a energia do Sol diretamente em eletricidade: os fótons absorvidos deslocam elétrons livres do material semicondutor. Quando os elétrons saem de suas posições, o desequilíbrio de cargas da célula cria uma diferença de potencial, como os terminais de uma bateria. Conectadas as extremidades a um circuito, a eletricidade flui. Um módulo fotovoltaico é composto por painéis de células; cada uma possui de 1 a 10 cm de lado e produz de 1 a 2 watts.

Em locais com luminosidade (5 $kWh/m^2/dia$), podem ser gerados 5.000 kWh por dia de eletricidade em um hectare coberto com fotocélulas com 10% de eficiência. A eficiência das células usadas hoje comercialmente é de cerca de 15%. Em laboratórios, a eficiência atingiu 25%.

As primeiras aplicações terrestres da tecnologia fotovoltaica ocorreram principalmente com sistemas isolados, capazes de abastecer cargas distantes da rede convencional de distribuição de eletricidade. No início da década de 1990, a conexão de sistemas fotovoltaicos à rede passou a ocupar lugar cada vez mais expressivo entre as aplicações da tecnologia fotovoltaica. A Figura AI.2 apresenta a potência instalada acumulada nos países participantes do Programa de Sistemas Fotovoltaicos da Agência Internacional de Energia. No ano de 2007, apenas 6% da capacidade instalada foi realizada em aplicações não conectadas à rede elétrica.

A Figura AI.3 apresenta a evolução da produção mundial de módulos fotovoltaicos nos últimos 10 anos. Nesse período, a produção de módulos fotovoltaicos cresceu a uma taxa média de 51% ao ano e, entre os anos de 2007 e 2008, foi possível observar um crescimento de 82%. Em 2008, a produção mundial de módulos fotovoltaicos atingiu a cifra de 7.900 MWp.

O incremento no crescimento, observado a partir de 1999, deve-se aos programas de incentivo, em especial os programas dos governos da Alemanha, da Espanha e do Japão, criados para ampliar a geração de eletricidade com fontes renováveis e reduzir a emissão de gases de efeito estufa. A maior parte da produção de módulos fotovoltaicos vem sendo integrada a telhados e fachadas de edificações de zonas urbanas eletrificadas. Nesse caso, essas edificações passam a produzir parte da energia necessária, podendo, em algumas situações, verter o excedente à

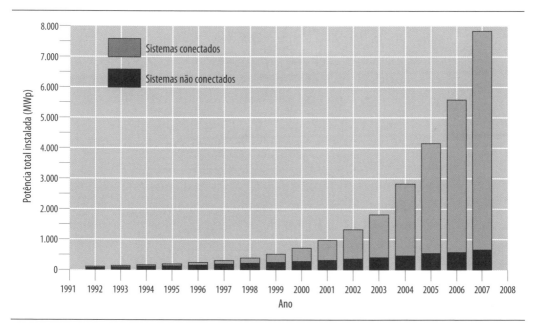

FIGURA AI.2 – Tecnologia fotovoltaica – Potência instalada acumulada nos países do Programa de Sistemas Fotovoltaicos da Agência Internacional de Energia (1992-2007).

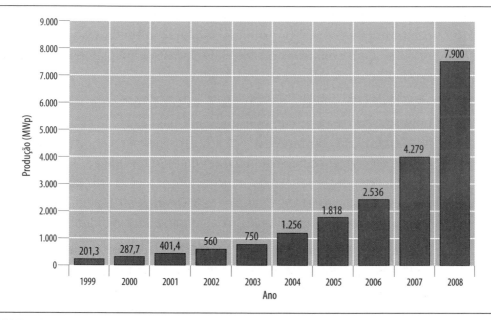

FIGURA AI.3 – Evolução da produção mundial de módulos fotovoltaicos (1999-2008).

rede de distribuição de eletricidade. Nesses sistemas a edificação consome energia de ambas as fontes, tanto do sistema fotovoltaico quanto do sistema convencional de distribuição.

A tecnologia solar fotovoltaica não gera nenhum tipo de efluentes sólidos, líquidos ou gasosos durante a produção de eletricidade. Há, porém, a emissão de poluentes e gastos energéticos durante o processo de fabricação dos módulos e os problemas ligados à reciclagem dos equipamentos depois de terminada sua vida útil.

A indústria fotovoltaica utiliza alguns gases tóxicos e explosivos e líquidos corrosivos na sua linha de produção, como cádmio, chumbo, selênio, cobre, níquel e prata. A presença e a quantidade desses materiais dependem fortemente do tipo de célula que está sendo produzida. A reciclagem do material utilizado nos módulos fotovoltaicos já é um procedimento técnica e economicamente viável, principalmente para aplicações concentradas e em larga escala.

Já existem nichos de mercado em que os sistemas fotovoltaicos possuem maior competitividade. Esse nicho, hoje em dia, restringe-se às diferentes situações da eletrificação rural de países em desenvolvimento, onde os altos custos de expansão das linhas de transmissão e distribuição ou as restrições ambientais encarecem e dificultam significativamente o uso da eletricidade proveniente da rede elétrica. Nesses locais, as opções concorrentes aos sistemas fotovoltaicos, como a geração térmica a diesel, por exemplo, também enfrentam fatores limitadores que aumentam seus custos de geração, principalmente relacionados à dificuldade de acesso às localidades.

No caso da conexão de sistemas fotovoltaicos à rede, a energia é disponibilizada no ponto de consumo ou, mais especificamente, na rede de distribuição. Portanto, os seus custos devem ser comparados aos custos da energia convencional da rede de distribuição. Atualmente, o custo médio de produção de energia elétrica com sistemas fotovoltaicos conectados à rede está entre R$ 650 e R$ 900/MWh, ou seja, entre duas a três vezes a tarifa aplicada ao consumidor residencial.

O custo de geração de energia elétrica a partir de sistemas fotovoltaicos conectados à rede decresce com o tempo, como se pode observar na **curva de aprendizado** da fabricação dos módulos fotovoltaicos, que indica que, sempre que a produção acumulada de módulos fotovoltaicos dobra, o custo de produção cai em cerca de 20% (Figura AI.4).

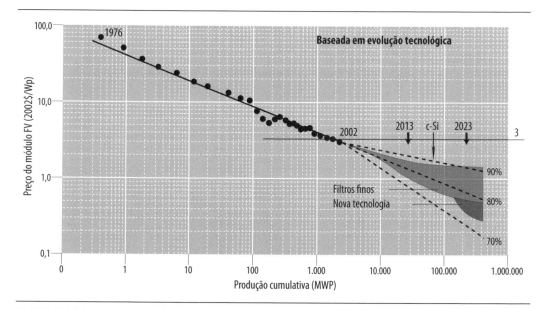

FIGURA AI.4 – Curva de aprendizado da tecnologia solar fotovoltaica.

Pequenas centrais hidrelétricas (PCHs)

PCHs são usinas hidrelétricas com potência de 1 a 30 megawatts, cuja área alagada não ultrapasse 13 km², e representam uma importante alternativa de produção de energia renovável, em particular para as áreas isoladas, em pequenos centros agrícolas e industriais e em comunidades com baixos índices de desenvolvimento humano.

Existem instaladas no País 343 PCHs com potência total de 2.812 MW, e há em construção 71 empreendimentos com potência de 1.063 MW. As PCHs causam impactos bem menores que as grandes centrais hidrelétricas e, de uma maneira geral, apresentam as seguintes características:

- possuem reservatórios com pequenas áreas alagadas, em razão de limitação imposta pela legislação vigente;
- não provocam deslocamento populacional por ocasião da implantação;
- não há necessidade da regularização de vazões;
- normalmente, não interferem na transposição dos peixes, pois o local onde são instaladas é, em geral, constituído por cachoeiras com desníveis consideráveis, que formam uma barreira natural à piracema.

Na fase de sua construção, as hidrelétricas impulsionam a economia local, uma vez que a cadeia tecnológica influencia as atividades socioeconômicas das áreas onde os projetos estão localizados. A operação e a manutenção da PCH requerem a assessoria de prestadores de serviços da região, atuantes nas mais diversas áreas, como: engenheiros, profissionais ligados ao meio ambiente, da área da saúde, área administrativa e área jurídica, bem como de mecânicos, operários, técnicos etc., fomentando o setor terciário de prestação de serviços e, dessa forma, contribuindo para a geração de empregos, a arrecadação de impostos e o crescimento da economia regional.

A implantação de PCHs está associada à utilização intensiva de mão de obra na sua fase de construção (em média 300 pessoas). Em sua fase de operação e manutenção, as PCHs utilizam em média de seis a dez pessoas.

Energia solar térmica

Os equipamentos solares de aquecimento de água são, em geral, passivos. Nesses equipamentos, a luz solar incide sobre um painel no topo de edifícios, por onde circula água, que é estocada e distribuída. Os coletores são painéis cobertos de vidro, por onde passam tubos metálicos, geralmente de cobre (Figura AI.5).

Ao substituir o gás natural, um sistema de aquecimento solar pode abater cerca de 4,5 toneladas anuais de CO_2, o que faz com que vários países subsidiem o uso de painéis solares ao usuário final. Aquecedores solares de água se tornaram bastante populares na China, que possui 65,4% da capacidade mundial instalada.

1. coletores planos de dupla cobertura transparente com película antirefletiva (20 a 80 °C);
2. coletores cilindro-parabólicos compostos (CPC) estacionários (80 a 150 °C);
3. coletores de máxima reflexão (50 a 90 °C);
4. concentradores lineares de Fresnel (100 a 400 °C).

O mercado brasileiro de coletores solares é constituído basicamente de coletores planos fechados (83%) e abertos (17%). Os coletores abertos destinam-se ao aquecimento de piscinas, com temperaturas máximas de operação da ordem de 32 °C. Constata-se, agora, uma pequena penetração dos coletores de tubo evacuado, popularmente conhecidos como **coletores chineses**.

Apêndice I

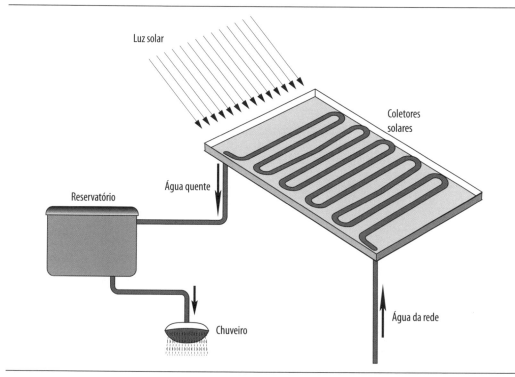

FIGURA AI.5 – Sistema solar de aquecimento de água.

No ano de 2008, totalizaram-se 4,2 milhões de metros quadrados de área coletora instalada, correspondente a uma potência (térmica) gerada de 3.100 MW$_{th}$ (Figura AI.6).

Nas termelétricas solares, a luz solar é focalizada em um coletor receptor, que aquece um fluido a algumas centenas de graus centígrados, produzindo vapor para a geração de eletricidade.

Usinas de **torre central** utilizam um arranjo de espelhos planos móveis (**heliostatos**) para concentrar os raios solares num alvo, a torre coletora. A energia é concentrada em sódio líquido (um metal com alta capacidade térmica) e utilizada para aquecer vapor para mover turbinas, até mesmo durante a noite.

Usinas elétricas de grande porte que utilizam espelhos parabólicos estão funcionando na Califórnia (350 MW). Outras estão em fase de planejamento. A Espanha pretende iniciar, em breve, a operação de duas unidades, num total de 100 MW, e tem mais de 1.000 MW em fase final de projetos (Figura AI.7).

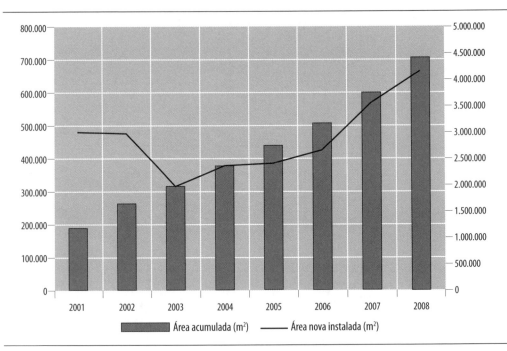

FIGURA AI.6 – Evolução do mercado brasileiro de aquecimento solar (2001-2008).

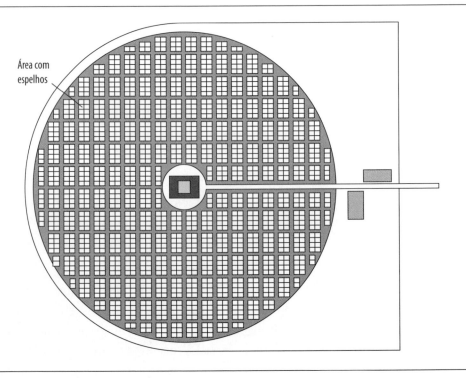

FIGURA AI.7 – Instalação termelétrica solar típica.

Apêndice I

Energia solar na China e no Brasil

A energia solar é utilizada há muitos anos para aquecer água. Países como Israel e cidades como Barcelona possuem leis e vigorosos programas de incentivo a essa tecnologia, que substitui eficientemente o uso de combustíveis fósseis e lenha para aquecimento. Em climas quentes, o aquecimento solar pode substituir algo em torno de 75% da demanda de aquecimento de água. No clima frio da Europa, essa proporção cai para no máximo 20%.

A China conseguiu popularizar um sistema solar de aquecimento de água de baixo custo, com preços a partir de US$ 190 (80% mais baratos que os ocidentais, ou US$ 120 – US$ 150/m^2, contra US$ 700 – US$ 800/m^2 na Europa). Em casas de luxo, o preço sobe para US$ 2.250. Em 2006, pelo menos 30 milhões de usuários possuíam um. Além de barato, o sistema é eficiente, podendo funcionar sob céu nublado e temperaturas abaixo de zero. A mão de obra é barata (o setor emprega um oitavo da indústria de renováveis no país, ou 250 mil pessoas) e o segredo tecnológico está na separação a vácuo entre os tubos. Uma única empresa, situada na cidade de Dezhou, é responsável por 14% do mercado nacional de coletores, com crescimento anual de 20% nas vendas e expectativa de crescimento entre 80 e 100%. O grande vetor da expansão de aquecedores solares térmicos no país foi o custo, aliado ao alto preço do óleo e do carvão.

No caso do Brasil, aquecedores de água solares são uma excelente alternativa para substituir os chuveiros elétricos, que, apesar de baratos, consomem muita energia, principalmente nos horários de pico no início da noite, exigindo grandes investimentos em geração (principalmente com hidrelétricas) e aumentando seus impactos ambientais. O aquecimento solar também pode ser utilizado em piscinas e instalações comerciais e industriais. Contudo, existia no ano de 2002 uma cobertura instalada de somente 1,2 m^2 por habitante no país – contra 67,1 m^2 por habitante em Israel. No Brasil, que tem em média 280 dias de sol por ano, o custo inicial de um sistema com capacidade de 300 litros para uma família de quatro pessoas ainda é relativamente alto (US$ 1.500 em 2006, contra de US$ 10 a US$ 50 de um chuveiro elétrico), e o sistema requer um ramal de água quente na casa, mais de três a quatro metros quadrados disponíveis sobre os edifícios para os painéis. Ao substituir um chuveiro no país, economizam-se cerca de US$ 1.000 a US$ 1.500 em capacidade instalada de hidrelétricas. Os painéis solares economizam energia elétrica, mas o tempo de retorno sobre o investimento ainda é alto, de pelo menos dois anos. Além de agir no fluxo de caixa, é preciso conscientizar, capacitar e mudar leis: em geral, os códigos de edificações brasileiras ainda não têm previsão para coletores solares, o que torna dispendiosa a adaptação em construções existentes. Alguns municípios como Porto Alegre, Campina Grande e São Paulo já aprovaram legislação para tornar compulsórios os coletores solares.

Energia eólica

Desde a mais remota antiguidade, os ventos são usados para a navegação. Há registros de que foram usados na agricultura na Pérsia antiga e no século VII da era cristã para irrigação em moagem de grãos. No século XVII, tornaram-se muito populares na Holanda, na Dinamarca e na Europa em geral. Só na Holanda, em 1750, existiam de seis a oito mil moinhos de vento em operação: esses gigantescos moinhos passaram a caracterizar a paisagem europeia e, no fim da Idade Média, foram imortalizados por Cervantes nas aventuras de Dom Quixote.

Apesar de serem aparentemente muito erráticos, os ventos numa região qualquer da Terra possuem valores médios mensais (ou anuais) bastante regulares. A velocidade média mensal não se desvia mais do que 10 ou 15% da média anual.

A aplicação comercial da energia eólica para geração de eletricidade começou no início dos anos 1980, com aerogeradores de 50 a 100 kW, que, à época, eram consideradas máquinas de grande porte. Desse momento em diante, seja em virtude dos choques do preço do petróleo ou, a partir dos anos 1990, em virtude da crescente preocupação ambiental, o uso da energia eólica na geração de energia elétrica não mais parou de se desenvolver, obtendo atualmente, em algumas regiões do mundo, um grau de penetração cada vez mais significativo na matriz energética de eletricidade.

Das máquinas de 50 kW, com rotores de até 15 metros de diâmetro, desenvolveram-se máquinas com capacidades cada vez maiores, chegando-se hoje a aerogeradores disponíveis comercialmente com potências nominais de até 6 MW, com rotores de mais de 120 metros de diâmetro, estando previstas máquinas de capacidades ainda maiores para os próximos anos. A evolução nas capacidades de geração e nos tamanhos dos aerogeradores é indicada na Figura AI.8.

Atualmente, a principal utilização da energia eólica está em centrais de médio e grande porte interligadas à rede elétrica, havendo já no mundo uma capacidade nominal instalada superior a 120 GW, produzindo mais de 1,5% do consumo global de eletricidade. Essa capacidade instalada corresponde a 10 vezes a capacidade da usina de Itaipu, embora essa comparação deva ser entendida apenas em caráter ilustrativo, uma vez que os fatores de capacidade das centrais eólicas são significativamente menores do que das hidrelétricas. A Figura AI.9

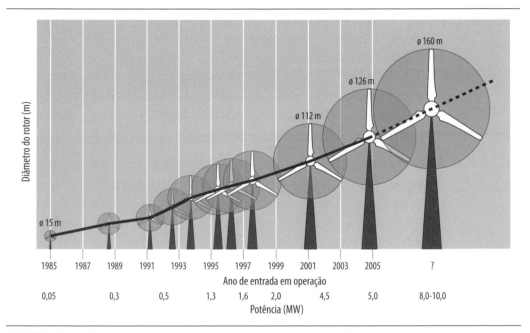

FIGURA AI.8 – Evolução na potência e no tamanho de aerogeradores comerciais.

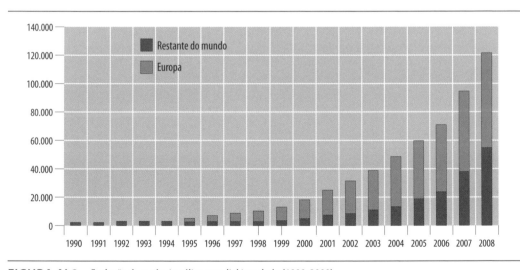

FIGURA AI.9 – Evolução da potência eólica mundial instalada (1990-2008).

mostra a evolução da capacidade eólica instalada na Europa e no restante do mundo.

No Brasil, pode-se dizer que a energia eólica para geração de eletricidade começou a despontar de forma apreciável somente a partir de

2004, com o Programa de Incentivo às Fontes Alternativas de Energia (Proinfa), que previa, inicialmente, a instalação de 1.100 MW de geração eólica, dentre outras fontes, e foi o primeiro passo para agregar a fonte eólica ao Sistema Interligado Nacional (SIN). Hoje, o país conta com aproximadamente 548 MW de capacidade instalada, dos quais o Proinfa foi responsável por cerca de 492 MW. Espera-se que até o final de 2010 a capacidade instalada total seja de 1.423 MW.

Uma característica importante da energia eólica é que ela substitui despesas com combustíveis fósseis ou nucleares por capacidade de trabalho humano. Ela cria muito mais empregos do que outras formas de geração centralizadas que usem fontes não renováveis. O setor eólico tornou-se um gerador global de empregos, tendo já criado aproximadamente 440.000 empregos no mundo todo, e movimentou em 2008 cerca de 40 bilhões de euros, tendo contribuído com a geração de cerca de 260 TWh de energia elétrica.

Apêndice II

O programa de etanol no Brasil

O etanol (C_2H_6O) é um tipo de álcool, combustível utilizado principalmente em motores de ciclo Otto, substituindo eficientemente a gasolina. Há também outras aplicações para o etanol, como o uso em bebidas, para limpeza, como solvente e até em fogareiros para a cocção. Ao contrário do metanol, que é tóxico e obtido a partir de carvão e outras fontes fósseis, o etanol é um combustível praticamente renovável. A forma mais tradicional de se produzir etanol é a que utiliza processos de fermentação de açúcares e posterior destilação (bioetanol). O etanol pode também ser obtido de fontes fósseis por processos sofisticados (como o *Fischer-Tropsch*).

Os benefícios locais de se usar bioetanol como combustível são evidentes na cidade de São Paulo, onde a qualidade do ar melhorou consideravelmente em termos de chumbo, enxofre, monóxido de carbono e particulados. Além disso, há benefícios globais pela redução nas emissões líquidas de CO_2.

O bioetanol é produzido no Brasil (a partir de cana-de-açúcar) e nos Estados Unidos (a partir de milho). Na Europa, o etanol é produzido principalmente a partir de beterraba e trigo. A China, terceiro maior produtor mundial em 2005, produz etanol de milho e trigo, mas está intensificando o uso de outras culturas (cana-de-açúcar, sorgo e outras) em virtude da necessidade de utilizar os grãos como alimentos (Figura AII.1).

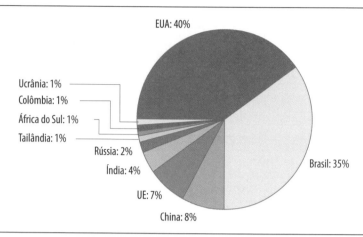

FIGURA AII.1 – Maiores produtores mundiais (percentuais de um total de 49,8 bilhões de litros) de etanol (2006).
Fonte: Referência [11].

Competição entre bioenergia e alimentos

Diversos questionamentos sobre a sustentabilidade ambiental da bioenergia ganharam força após o recente *boom* do etanol no mercado mundial. Um dos principais é a competição pelas terras agriculturáveis por alimentos. De fato, o preço das *commodities* agrícolas sofreu uma elevação sem precedentes em 2006, principalmente o dos grãos. A única exceção foi o açúcar. Flutuações de preços costumam ocorrer frequentemente, mas a tendência de alta atual é disseminada, gerando inflação e debates sobre os futuros rumos da agricultura e sobre como se fornecerão alimentos às camadas mais necessitadas da população. Junto com a alta, há uma grande volatilidade nos preços, principalmente dos cereais e das oleaginosas, criando incerteza nos mercados. Há vários fatores a considerar:

1. os mercados agrícolas hoje são muito mais conectados com outros mercados — como o da bioenergia;

2. os mercados são globais: os grãos produzidos em um país não raramente atravessam o mundo para alimentar outro;

3. mudanças climáticas e rápida urbanização alteram os padrões mundiais de produção e consumo.

Há uma tendência crescente na produção de alimentos por habitante no mundo. O problema está principalmente na má distribuição: em 2006, havia cerca de 850 milhões de pessoas desnutridas no mundo, principalmente na África e na Ásia.

Apêndice II

TABELA AII.1 – Comparação entre produção e os preços de biocombustíveis e gasolina

	Produção 10⁹ litros ao ano	Custos (US$/GJ)	Valor das transações econômicas (US$ bilhões)
Etanol (2007)	50	8-25	36
Biodiesel (2007)	7	15-25	4
Gasolina (2004)	1.165	10	768

Fonte: Referência [11].

O maior programa de bioenergia mundial é o do etanol de cana brasileiro, que se iniciou em 1976. Pressionado pelo custo crescente das importações de petróleo que ameaçavam seriamente sua balança de pagamentos, o governo brasileiro encorajou a produção de etanol a partir da cana-de-açúcar e a adaptação dos motores a ciclo Otto para funcionarem com etanol "puro" (álcool hidratado, com 96% de etanol e 4% de água) ou *gasool* (mistura com 78% de gasolina e 22% de etanol anidro). Esses dois tipos de motores dedicados eram chamados de veículos "a álcool" e "a gasolina", respectivamente. A disponibilidade de bombas nos postos de abastecimento foi um dos motivos do sucesso do programa. O álcool adicionado aumentou a octanagem da gasolina e permitiu a eliminação do aditivo chumbo tetraetila, bastante tóxico. Com isso, os postos de abastecimento puderam rapidamente converter para álcool suas bombas que antes utilizavam a chamada **gasolina azul** (aditivada com chumbo). As demais bombas, que tinham gasolina sem chumbo (com menor octanagem), passaram a oferecer *gasool*. Em 1995, o Brasil atingiu uma produção anual de doze bilhões de litros (aproximadamente 200 mil barris por dia), substituindo metade da gasolina utilizada nos automóveis (Figura AII.2).

A tecnologia de motores evoluiu, o mercado ganhou confiança no novo combustível e, em 1995, metade de todos os automóveis no país utilizava gasool e o restante rodava com etanol puro. Os subsídios aos produtores de álcool puderam ser removidos com o aumento da produção, e o etanol passou a ser competitivo diretamente com a gasolina. O programa levou a desenvolvimentos tecnológicos, tanto na produção agrícola quanto no processamento da cana-de-açúcar, levando à baixa dos custos do etanol e à possibilidade de produção de eletricidade adicional baseada na biomassa, por bagaço e rejeitos agrícolas.

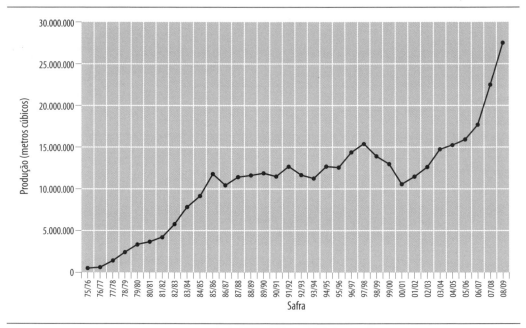

FIGURA AII.2 – Produção de etanol de cana-de-açúcar no Brasil (1975-2009).
Fonte: Referência [11].

Entretanto, na década de 1990, a queda nos preços internacionais do petróleo reduziu o preço relativo da gasolina, e os produtores de álcool deram preferência à produção de açúcar para exportação, ameaçando o futuro do programa. O mercado consumidor perdeu a confiança e a venda de novos automóveis usando etanol puro diminuiu radicalmente.

Essa tendência só se reverteu a partir de 2003, com o lançamento no País dos veículos flexíveis (*flexible fuel vehicles* ou *FFVs*). Essa tecnologia por meio de sensores eletrônicos permite identificar qual é a mistura gasolina-etanol que passa pelo sistema de injeção do veículo, ajustando as condições de combustão. Com os *flex* o consumidor passou a ter total liberdade de escolha, abalizada principalmente pelo preço na bomba. Os recentes avanços tornaram a tecnologia *flex* relativamente barata e com emissões de poluentes regulamentados próximas ou menores que a da gasolina. Em 2006, as frotas de veículos *flex* no País haviam atingido a marca dos 2 milhões, com mais de 70% das vendas de veículos novos, oferecidos por sete multinacionais.

Cerca de 15% das emissões de carbono de origem fóssil no país foram poupadas com o etanol renovável: cada mil litros de etanol de cana reduzem a emissão de 2,82 toneladas de CO_2 em comparação com a

Tabela AII.2 – Emissões de carbono mitigadas pela cana-de-açúcar no Brasil	
	10^6 toneladas de C/ano
Substituição do etanol pela gasolina	−7,41
Substituição do bagaço por óleo combustível (indústrias químicas e de alimentos)	−3,24
Utilização de combustível fóssil na agroindústria (emissão)	+1,20
Contribuição líquida (absorção, carbono mitigado)	−9,45

Fonte: Referência [12].

gasolina. Esse é um motivo mais do que suficiente para se promover a difusão dessa alternativa pelos outros países do mundo que produzem ou que podem produzir cana-de-açúcar.

A Tabela AII.2 mostra que é evitada a emissão de $9,56 \times 10^6$ toneladas por ano de carbono pelo uso de etanol como um substituto para a gasolina.

Outro motivo é a pequena área que a cana ocupa para produzir muita energia, com a área agriculturável brasileira (383 milhões de hectares) e a área de expansão da agricultura (cerca de 90 Mha).

Somente o Estado de São Paulo produz 62% do etanol do país, equivalente a quase um terço do total mundial. A cana ocupa 3,7 Mha de um total de 22 Mha utilizados em agricultura e pastagens. A expansão da cana é possível pela intensificação da criação de gado e está sendo acompanhada cuidadosamente sob o aspecto de sustentabilidade ambiental, não só para a proteção da saúde e da biodiversidade como também para prevenir o estabelecimento de barreiras comerciais não tarifárias contra o produto em mercados externos, por motivos ambientais.

O poder calorífico inferior do etanol é de cerca de 22 MJ/litro, enquanto o da gasolina é de 33 MJ/litro. Contudo, a maior octanagem do etanol e os ajustes nos motores e sistemas de injeção fazem com que a equivalência técnica do etanol por litro de gasolina seja de cerca de 1,15. O custo atual do etanol brasileiro varia de US\$ 0,18 a US\$ 0,25 por litro e tem caído à medida que aumenta a produção a uma razão de progresso (*progress ratio*) de 30% para cada duplicação da produção. Uma comparação dos custos de produção do álcool brasileiro (preço pago aos produtores) com a gasolina a preços internacionais (no mercado *spot* de Rotterdam, Holanda) é feita na Figura AII.3, que

Tabela AII.3 – Cana e etanol: situação (2006) e previsão de expansão (2010)		
	2006	**2010 previsto**
Plantas	313	402
Etanol (10^9 litros)		
capacidade total	18	24
produção	16	22
Área plantada (10^6 ha) de cana		
total	5,6	7,6
para etanol	3,0	5,0

Fonte: Referência [11].

inclui ainda os preços médios na bomba dos dois combustíveis. Exceto no caso do álcool brasileiro, o custo do etanol ainda não é competitivo com os preços de venda da gasolina. A maioria dos países, contudo, estabeleceu impostos pesados sobre a gasolina para desencorajar o uso excessivo de automóveis ou como uma maneira de reforçar os fundos do tesouro público.

As expectativas se concentram principalmente no desenvolvimento do etanol de celulose, um material abundante em todo o mundo, mesmo em países de clima temperado. Esse tipo de álcool pode ser produzido a partir de diversos tipos de biomassa, inclusive madeira e lixo. Ao contrário do bioetanol convencional, produzido pela fermentação de açúcares, para a produção do etanol de celulose precisa quebrar as moléculas das matérias-primas. Isso pode ser feito de duas formas:

- **hidrólise** (quebra em açúcares livres, que pode ser **ácida** ou **enzimática**) seguida de fermentação; e

- **gaseificação** (quebra em CO e H_2) seguida de fermentação do *syngas* ou reforma catalítica pelo processo Fischer–Tropsch.

A tecnologia ainda está em fase de desenvolvimento, com muitos milhões de dólares investidos pelo governo norte-americano – cuja meta é baixar o custo para US\$ 0,28 por litro até 2012. A produção de etanol a partir da celulose a custos competitivos tem condições de promover uma verdadeira revolução energética mundial, ampliando os potenciais da biomassa.

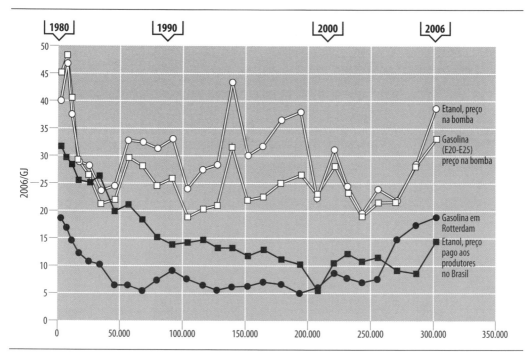

FIGURA AII.3 – Curva de aprendizado para etanol e o preço da gasolina (1980-2006).
Fonte: Referência [13].

Replicabilidade do Proálcool em outros países

O Proálcool foi estabelecido para reduzir a dependência do País em relação às importações de petróleo e para ajudar a estabilizar a produção do açúcar no contexto das variações cíclicas dos preços internacionais. Um argumento importante usado a seu favor é a criação de postos de trabalho, tanto especializados quanto não especializados. O programa foi também quase totalmente baseado em equipamentos fabricados localmente, ajudando a criar um forte sistema agroindustrial e empregos indiretos.

Da mesma forma como o Proálcool se iniciou com a mistura de etanol à gasolina, a adoção mandatória de E10 (10% de álcool na gasolina) parece ser o caminho recomendável para a introdução do etanol em outros países, especialmente nos em desenvolvimento, que despendem um grande volume de recursos com importações de derivados de petróleo. Além disso, a substituição da gasolina nesses países pode ser beneficiada pelo Mecanismo de Desenvolvimento Limpo (MDL) do Protocolo de Quioto. Além disso, muitos países já produzem açúcar em usinas obsoletas e podem obter grandes benefícios locais com uma modernização de seu parque agroindustrial.

Replicabilidade do Proálcool em outros países (*continuação*)

Uma planta-padrão de etanol com capacidade de moagem de dois milhões de toneladas por ano (safra de seis meses) custa em torno de US$ 150 milhões. Para abastecer a planta, serão necessários 33 mil hectares de terra cultivada com cana (a produtividade é de 70 a 100 litros por tonelada de cana e de 60 a 100 toneladas de cana por hectare). Essa planta produz por ano 200 milhões de litros de etanol, o que é suficiente para suprir 100 mil veículos por ano com E100 (álcool puro) ou 1 milhão de veículos por ano com uma mistura de 10% (E10). A usina-padrão mitiga emissões da ordem de 564 mil toneladas por ano de CO_2 equivalente. É possível ainda gerar uma potência excedente de 34,7 MW durante a safra, a um custo de capital da ordem de US$ 24,3 milhões (ou US$ 700 kW instalado). Reformar usinas existentes é uma alternativa mais barata, porém sem a mesma eficiência.

Enquanto não surgir uma outra alternativa tecnológica, a cana-de-açúcar continuará sendo o insumo de biomassa energética mais barato e eficiente para a produção de biocombustíveis. Cerca de 29 milhões de hectares de terra são suficientes para abastecer com 10% de etanol (E10) todos os carros a gasolina do mundo. Para se ter uma ideia, a área colhida de cana em 2004 foi de 20,2 Mha, sendo 19,2 Mha somente nos países em desenvolvimento. Isso é uma pequena fração da área de culturas primárias do planeta, que, nesse mesmo ano, foi de 1.042 Mha. A cana-de-açúcar é uma cultura típica de países tropicais. Apesar da OCDE ser responsável por dois terços do consumo mundial de gasolina, a região só tem 5% da cana mundial.

Por pressão de grupos locais, as importações de etanol provindas de países em desenvolvimento são restritas por uma série de mecanismos, como sobretaxas alfandegárias, cotas, subsídios locais e barreiras técnicas não tarifárias.

Dentre essas últimas estão limitações à quantidade de etanol adicionada à gasolina, em geral limitada a de 5 a 10%, justificada pelo aumento nas emissões evaporativas, que têm influência sobre a formação de *smog* fotoquímico (ozônio e outros poluentes). A alternativa proposta nessas regiões é adotar, diretamente, a mistura de 85% de etanol à gasolina (E85). O problema do E85 está na falta de infraestrutura nos postos de abastecimento (ao contrário do Brasil, não há tanques e bombas para o biocombustível) e na resistência dos fabricantes de automóveis locais (pois um novo combustível implica uma série de testes e outros custos).

A adoção da mistura E10 não requer adaptações nos veículos existentes. Em alguns anos, a frota será renovada por veículos adaptados a misturas com mais etanol (como é o caso do E20-E25 brasileiro), ou até veículos *flex*.

Apêndice III

Unidades de trabalho, energia e potência

1 joule $(J) = 10^7$ ergs
1 watt $(W) = 1$ J/s
1 HP $= 746$ W
1 cal $= 4,18$ J
1 quilowatt-hora $(kWh) = 3,6 \times 10^{13}$ ergs $= 3.600$ kJ
$= 860$ kcal $= 8,6 \times 10^{-5}$ tep
1 tep (tonelada equivalente de petróleo) $= 10.000 \times 10^3$ kcal $1,28$ tonelada de carvão
$= 11.630$ kWh
1 BTU – British Thermal Unity $= 252$ cal
(Unidade Térmica Britânica)
1 kW ano/ano $= 0,753$ tep/ano

A potência máxima que se pode extrair de um moinho de vento é proporcional ao cubo da velocidade de vento e ao quadrado da área varrida pelas pás.

Referências bibliográficas

[1] Earl Cook Man, Society – H. Freman and Co. San Francisco, USA, 1976.

[2] José Goldemberg e Oswaldo Lucon – Energia, Meio Ambiente e Desenvolvimento – Edusp – Editora da Universidade de São Paulo, 2008, 3. ed. revista e ampliada.

[3] José Goldemberg – Editor – World Energy Assessment – Energy and the Challenge of Susteinability UNDP – United Nations Development Programme, United Nations Department of Economic and Social Affairs, World Energy Council, 2000. <www.undp.or./seed/eap>.

[4] Energy choices toward a sustainable future – José Goldemberg – Environment. v. 49, n. 10, p. 06-17, December, 2007.

[5] Lighting the Way: Towards a Sustainable Energy future – Inter Academy Council 2007. <www.interacademycouncil.net>.

[6] Energy Statistics of nun – OECD Countries Statistics, 2009.

[7] <http://cait.wri.org/>.

[8] REN 21 (Renewables Energy Policy Network for the 21st century) Global Status Repor. <http://www.ren21.net/globalstatusreport>.

[9] O que é energia nuclear? – José Goldemberg – Coleção Primeiros Passos. 3. ed. Editora Brasiliense, 1981.

[10] 1ª Conferência de Energias Renováveis para o ensino da engenharia. 27/28 de outubro de 2010. FAAP – Fundação Armando Alvares Penteado. <http://www.faap.br>.

[11] The Brazilian Experience with Biofuels – José Goldemberg. Innovations. Fall. v. 4, Issue 4, p. 91-107. 2009. <http://mipress.mit.edu/innovations/>.

[12] Macedo, I. C.; J. E. A. Seabra e J. E. A. R. Silva. 2008 Greenhouse gases emissions in the production and use of ethanol from sugarcane in Brazil. Biomass and Bioenergy, 32: 582-595.

[13] Ethanol for a sustanable energy future – José Goldemberg, Science v. 315, pp. 808-810, february, 2007.